카미노데쿠바

★

# 카미노 데 쿠바
즐거운 혁명의 나라 쿠바로 가는 길

1판 1쇄 2019년 3월 25일
지은이 손호철 펴낸곳 이매진 펴낸이 정철수
등록 2003년 5월 14일 제313-2003-0183호
주소 서울시 은평구 진관3로 15-45, 1018동 201호
전화 02-3141-1917 팩스 02-3141-0917
이메일 imaginepub@naver.com 블로그 blog.naver.com/imaginepub
인스타그램 @imagine_publish
ISBN 979-11-5531-103-5 (03980)

카미노 데 쿠바

즐거운 혁명의 나라 쿠바로 가는 길

손호철 지음

Che Comandante
Amigo ...

이매진

# 차례

들어가며

1장 "모든 개인숭배는 잊어라" 피델의 도시 산티아고데쿠바 16

2장 "모두 내 아이다" 국부 세스페데스의 도시 바야모 40

3장 민물게, 카스트로, 이현상 시에라마에스트라의 게릴라 본부 56

4장 쿠바의 할리우드를 걷다 영화의 도시 카마구에이 78

5장 설탕은 짜다 사탕수수의 도시 트리니다드와 로스잉헤니오스 계곡 90

6장 잘 자시오, 체 게바라 체의 도시 산타클라라 110

7장 피그 만에는 돼지가 없다 히론에서 본 미국과 쿠바 134

8장 애니깽, 쿠바 속의 한국 마탄사스에서 본 한국과 쿠바 158

9장 "잘하고 있어, 피델" 다시 살아나는 아바나 1 174

10장 강남 스타일과 쿠바 스타일 다시 살아나는 아바나 2 196

11장 혁명 60년의 빛과 그림자 즐거운 '라틴 사회주의'를 찾아 220

**더 읽을거리**

— 라틴아메리카를 다시 생각한다　244

— 쿠바와 라틴아메리카의 인구인종학　250

— 한눈에 보는 쿠바 역사　252

— 한눈에 보는 쿠바 현대사 주요 인물　254

— 참고 자료　262

〈대부〉. 영화사에 길이 남을 명작이다. 3부작인 이 영화의 2부에는 1950년대 아바나가 나온다. 그 시절 마피아가 장악한 아바나<sup>Havana</sup>는 도박장과 성매매가 번성한 '미국의 하수구'였다.

마피아 두목들은 아바나 현지에서 사업을 확장하는 문제도 논의할 겸해 아바나에서 연말 정기 모임을 연다. 그 모임에 참석한 대부 마이클 코를레오네(알 파치노)는 아버지 돈 비토 코를레오네(말런 브랜도)를 공격해서 자기를 내키지 않는 대부의 길로 가게 만든데다가 암살까지 하려 한 경쟁 세력의 두목을 새해맞이 축제의 혼란 속에서 처치한다. 바로 그때 아바나로 들어오는 전략 요충지인 산타클라라<sup>Santa Clara</sup>에 반군을 진압하러 떠난 쿠바 정예군이 참패한 소식이 파티장에 전해진다. 놀란 독재자 풀헨시오 바티스타 대통령은 허겁지겁 망명을 떠나고, 무정부 상태의 혼란 속에서 마이클 코를레오네도 미국으로 급히 빠져나온다.

1959년 1월 1일은 피델 카스트로와 체 게바라가 이끈 쿠바 혁명이 승리한 날이다. 2019년 1월 1일은 쿠바 혁명 60주년이 된 날이다. 1980년대 소련과 동구가 몰락한 뒤 이른바 '사회주의 국가'는 이제 중국, 베트남, 북한, 쿠바 정도만 남아 있다. 그중에서도 중국과 베트남은 자본주의 시장경제를 적극 도입해 경제만 봐서는 자본주의인지 사회주의인지 알 수가 없을 정도인 반면, 쿠바는 북한하고 함께 다른 길을 걸어가고 있다는 점에서 주목할 만하다. 게다가 이 네 나라 중 세 나라는 아시아 국가인 반면 쿠바는 일보다는 삶을 즐기며 사는 라틴식 삶이 기본인 '라틴 사회주의' 국가다(라틴사회주의의 '라틴'에 관해서는 '더 읽을거리' 참조).

2000년대 초 브라질을 여행하다가 이구아수 폭포에서 1960년대 브라질로 농업 이민을 온 재외 동포를 만났다. 으레 인사하듯이 물었다. "그동안 돈 많이 버셨어요?" 노인이 웃으며 대답했다. "돈은 무슨. 대신 원 없이 놀고 즐겁게 살았지." 충격이었다. 우리는 세계 최장의 노동 시간과 산재율을 자랑(?)하며 돈의 주인이 아니라 돈의 노예로 살아왔다. 이런 일개미 같은 '호모 파베르'(작업인)의 삶 덕에 우리는 이제 상당한 경제적 부를 누릴 수 있게 됐다. 그러나 중남미의 '라틴 문화'는 돈의 노예가 되는 삶이 아니라 덜 일하고 덜 부유해도 자기 삶을 즐기는 '호모 루덴스'(유희인)의 문화, '베짱이의 문화'다(이솝 우화 〈개미와 베짱이〉에는 노동을 미화하고 놀이를 경멸하게 만드는 지배자의 관점과 자본주의의 이데올로기가 숨어 있다). 중남미 중에서도 쿠바는 자본주의적 물질문명에서 거리가 있는 라틴 사회주의 국가라는 점에서 더욱 그러하다. '베짱이의 문화'는 일과 돈의 노예로 살아온 한국 사회가 배워야 할 중요한 미덕이다. 우리는 화려하지만 돈의 노예로 살아가는 '강남 스타일'을 넘어서 가난하지만 삶을 즐기며 자기 삶의 주인으로 사는 '쿠바 스타일'을 배워야 한다.

나는 쿠바가 외국인 관광을 허용한 지 얼마 되지 않고 한국인이 거의 가지 않던 2000년에 아바나와 근교를 중심으로 쿠바를 다녀왔다. 돌아온 뒤 한 일간지에 여행기를 실었다. 이 원고를 발전시키고 다른 남미 기행하고 함께 묶어 2007년에 《마추픽추 정상에서 라틴 아메리카를 보다》를 출간해 좋은 평을 받았다. 2000년에 다녀온 쿠바 여행은 일정도 짧고 아바나 주변만 볼 수 있었다는 점에서 아쉬움이 컸다. 좀더 깊게 쿠바를 관찰하고 싶었다. 쿠바 혁명 60주년을 맞아 지난 18년 동안 일어난 변화를 알아보고 혁명을 의미도 되새기고 싶었다. 혁명이 시작된 동쪽 끝의 산티아고데쿠바Santiago de Cuba를 출발해 카스트로와 게바라가 반군 활동을 한 시에라마에스트라Sierra Maestra 산맥의 반군 사령부를 거쳐 산타클라라 등 반군의 이동 경로를 따라 서쪽 끝에 있는 아바나까지 횡단하며 쿠바의 과거, 현재, 미래를 한눈에 살펴보기로 마음먹었다.

—

이 책은 그런 노력의 결과다. 쿠바 혁명 60주년을 맞아 쿠바 혁명 루트를 따라 가보기로 결심한 나는 계획을 세우기 시작했다. 쿠바 혁명 루트 관광을 전문으로 하는 여행사를 검색했다. 얼마 전 미국과 쿠바가 국교를 정상화한 뒤 미국 여행사가 주관하는 쿠바 관광이 시작됐지만, 역사가 짧은 만큼 영국 여행사를 중심으로 검색을 했다. 곧 알

맞은 여행사를 찾았고, 대강의 일정표를 얻었다. 서쪽 끝에서 동쪽을 향해 육로로 아바나, 산타클라라, 트리니다드<sup>Trinidad</sup>, 카마구에이 Camaguey, 바야모<sup>Bayama</sup>, 시에라마에스트라 산맥, 산티아고데쿠바까지 간 뒤 비행기로 돌아오는 코스였다(**그림 1**).

이 일정을 기초로 여행 계획을 세웠다. 코스를 뒤집기로 했다. 똑같은 곳을 보더라도 누구의 시각이고 어떤 시선이냐가 중요하다. 누구의 시각에서 사물을 바라보고 어떤 시선에서 바라보느냐 하는 문제 자체가 정치적이다. '시선의 정치'이자 '시각의 정치'다. 유럽인의 시각에서 보면 크리스토퍼 콜럼버스는 대탐험과 '대발견'의 역사지만, 아메리카 대륙 원주민의 시각에서 보면 침략과 학살의 역사다. 콜롬비아 보고타의 역사박물관에 가면 콜롬비아 역사를 아예 '백인 이민자'의 시각과 '토착 원주민의 시각'으로 나눠 전시해놓았다. 시각의 정치라는 관점에서 보면 아바나에서 차를 타고 산티아고데쿠바로 가는 코스는 중앙에서 주변으로 내려가는 방식으로, 중앙에 자리한 정부군의 시각이다. 바티스타 정권의 군대가 피델 카스트로와 체 게바라의 반군을 찾아가는 진압군의 시각이지 혁명군의 시각이 아니다. 세계적인 여행사들이 쿠바 '혁명' 관광이라며 이런 코스를 잡는 이유를 이해할 수 없었다. 반대로 하기로 했다. 비행기를 타고 산티아고데쿠바로 간 뒤 혁명군처럼 차를 타고 아바나로 들어오는 코스였다.

혁명군이 이동한 경로는 아니지만 두 곳을 더 넣기로 했다. 한 곳은 혁명에 성공한 뒤 미국이 혁명 정부를 무너트리려 일으킨 피그 만

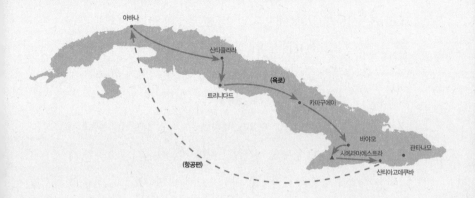

**그림 1. 쿠바로 가는 길 1**

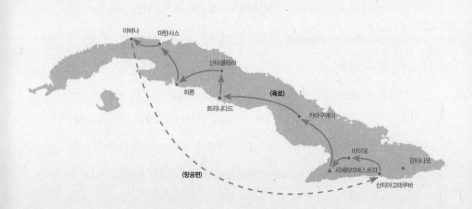

**그림 2. 쿠바로 가는 길 2**

침공의 현장인 히론Giron이다. 다른 한 곳은 우리 선조들이 쿠바 이민을 한 현장인 마탄사스Maranzas다. 최종 계획은 멕시코시티에서 아바나로 날아가 아바나에서 다시 국내선으로 갈아타서 산티아고데쿠바로 날아간 뒤, 차량으로 산티아고데쿠바, 바야모, 시에라마에스트라 산맥, 카마구에이, 트리니다드, 산타클라라, 히론, 마탄사스, 아바나를 10박 11일에 걸쳐 여행하는 코스다(**그림 2**).

　일정도 문제였다. 11일인 만큼 월요일이 하루는 낄 수밖에 없는데, 월요일에는 박물관이 문을 열지 않았다. 박물관에 갈 필요가 없는 시에라마에스트라 산맥 반군 본부를 월요일에 들르는 일정을 잡아 여행 준비를 의뢰했다. 여행사에서 다시 보내온 일정은 생각하고 달랐다. 영국 여행사 일정처럼 아바나에서 차로 산티아고데쿠바로 간 뒤 비행기를 타고 돌아오는 순서였다. 쿠바 관광 회사들이 제공하는 '관료화' 또는 일상화된 일정이 그런 식이었다. 반대로 해야 하는 이유를 설명하고 나서야 되돌릴 수 있었다. '시각의 정치'라는 관점에서 잘못된 쿠바 혁명 기행 일정을 바로잡았지만, 앞으로 여행사들이 이런 지적을 받아들여 제대로 된 일정을 잡을지는 알 수 없다.

　전혀 생각지 못한 변수도 나타났다. 쿠바 국내선 여객기가 추락해 100명 이상이 사망하는 대형 사고가 발생했다. 항공기들이 낡은데다가 미국이 실시하는 경제 제재 때문에 부품을 조달하기 어려워 일어난 대형 사고라고 본 쿠바 정부는 모든 항공기의 운항을 중단하고 전면 점검과 정비에 들어갔다. 예약한 항공편을 다 바꿔야 했다. 멕시코시티에서 아바나로 들어가는 비행기는 멕시코 항공으로 바꼈지만, 쿠바 국내선을 이용할 수밖에 없는 아바나에서 산티아고데쿠바로 가는 일정은 결국 수정해야 했다. 어쩔 수 없이 산티아고데쿠바에 머무는 일정을 줄였다.

일정을 확정하자 쿠바 관련 책들을 구해 읽기 시작했다. 한국 정치를 전공하면서도 남미에 관심이 많아 다양한 책들을 읽고 책까지 썼지만, 이번 여행은 쿠바 혁명 60주년을 돌아보는 여정인 만큼 입시생처럼 시간에 쫓기며 집중했다. 여행서부터 쿠바 혁명을 다룬 책, 의료나 교육 같은 쿠바가 거둔 성과를 다룬 책, 카스트로와 게바라의 글을 모은 선집과 전기까지 모두 20권이 넘었다. 다음 여행자들을 위해 책 뒤에 목록을 정리해 실었다.

―

여행을 같이한 '길동무'들이 있다. 유학 시절 미국에서 만나 35년을 보낸 친구로 지난 10여 년간 여름 방학이면 세계 곳곳 오지를 찾아 사진 촬영 여행을 같이한 이영근 프로 클럽 사장, 고등학교 동창으로 로스앤젤레스에서 치과 의사를 하며 18년 전 쿠바 여행을 비롯해 남미 여행에 늘 함께하다가 이제는 은퇴해 콜롬비아에서 목장을 하는 최중환, 1971년 10월 박정희가 내린 위수령 때문에 함께 대학에서 쫓겨난 '71동지회' 동지이자 노인 복지 전문가인 임춘식 한남대학교 명예 교수 등이다.

한 역사 기행 모임에서 만난 오랜 여행 친구로 작년부터 쿠바 여행을 가자고 졸라온 권혁재 한국출판협동조합 이사장, 치과 의사지만 베트남과 호찌민에 매료돼 한베평화재단 등을 통해 한국군의 베트남 양민 학살 사죄 운동을 펼치고 있는 송필경 선생이 일찍이 동행 의사를 밝혔다. 송 선생의 글을 읽고 있으면, 내가 사회과학자라는 사실이 부끄러워지면서 '이렇게 사회과학 공부를 하니 언제 치과 공부를 할까' 싶어 환자들이 '불쌍하게'(?) 느껴질 정도다.

이영근 사장을 통해 하기환 로스앤젤레스 한인상공회의소 회장이 같이 가고 싶다는 뜻을 알려왔다. 하 회장은 처가 쪽 친척으로 유학 시절에 신세를 진 적도 있지만, 여행이 여행인 만큼 좌파, 특히 즐거운 좌파만 가는 여행이라며 만류했다. 하 회장은 자기는 '강남 좌파'라며 적극적으로 참가하겠다고 답해왔다. 여행하는 도중에 이야기를 나눠보니 로스앤젤레스 시가 코리아타운 중심가를 '하기환 박사 광장'이라고 명명할 정도로 성공한 사업가라는 선입견하고 다르게, 말 그대로 '강남 좌파'였다.

권 이사장을 통해서도 출판에 관련된 네 분이 동행했다. 엔지니어 출신으로 뒤늦게 불교 미술을 공부해 박사를 받은 김성훈 선생, 오랫동안 전문 출판에 종사한 정병국 웅보출판사 대표, 한국출판학회 회장 등을 지낸 윤세민 경인여자대학교 영상방송학과 교수, 저작권 문제 전문가인 김기태 세명대학교 미디어창작학과 교수다. 이 자리를 빌려 여행을 같이한 분들에게 감사를 표하고 싶다.

여행을 같이하지 않았지만 마음으로 함께한 두 사람이 있다. 먼저 라틴아메리카 전문가인 고 이성형 박사다. 후배 학자인 이 박사는 라틴아메리카를 이해하는 데 많은 도움을 줬고, 18년 전 쿠바 여행을 포함해 여러 차례 라틴아메리카를 함께 여행하며 소중한 추억을 쌓았다. 단순한 라틴아메리카 전문가를 넘어서 백과전서파로 불릴 정도로 다양한 분야의 지식을 자랑하던 사람이 너무 빨리 이 세상을 떠났다. 이 자리를 빌려 이성형 박사의 명복을 다시 한 번 빈다.

또 다른 한 명은 고 노회찬 의원이다. 우리는 우리 사회의 '소수파'이자 '비주류'인 '진보 학자'와 '진보 정치인'으로 만나 서로 위로하고 격려하며 외로운 길을 함께 걸어왔다. 내가 노 의원의 선거대책위원장을 맡기도 했지만 때로는 정치적 선택을 둘러싸고 가차없는 비판을 아끼지 않던, '애증 관계'라면 애증 관계라 하겠다('애'는 90퍼센트이고 '증'은 10퍼센트다). 노 의원은 휴가를 내서라도 쿠바 여행에 꼭 함께 가고 싶다며 같이 가지 못하는 상황을 안타까워했는데, 여행 도중에 비열한 드루킹 관련 조사 소식을 듣고 귀국하자마자 비보를 접해야 했다. 안타까운 일이다. 쿠바의 사회주의 실험을 다룬 이 작은 책이 노 의원이 꿈꾼 한국의 진보 정치를 실현하는 데 조금이라도 보탬이 되기를 바라며 고인의 명복을 빈다.

—

처음에는 2018년 11월과 12월에 《경향신문》에 여행기를 연재한 뒤 쿠바 혁명 60주년에 맞춰 2019년 1월 초에 책을 내려 했다. 그 뒤 60주년에 맞춰 2019년 1월 1일부터 연재하자는 제안이 왔고, 책 출간도 자연스럽게 늦춰졌다. 여러 도움을 준 김희연 문화부장, 정유진 차장, 김진호 국제전문기자, 박용채 후마니타스 연구소장 등 경향신문사 관계자들에게 감사드린다. 이 책은 《경향신문》에 연재한 기행문을 바탕삼아서 지면 한계 때문에 신지 못한 많은 내용을 더했다. 이해를 도우려고 쿠바 관련 사건을 정리한 연표와 쿠바 역사의 주요 인물을 정리한 인물 해설, 쿠바와 라틴아메리카에 관해 꼭 알아야 할 이야기 등을 넣었다. 언제나 내 책을 정성껏 만들어주는 제자 정철수 이매진 대표에게도 고마움을 전한다.

쿠바가 인기 여행지로 떠오르면서 여행서도 많이 나와 있다. 그렇지만 이 책은 여행자들이 가보지 못한 게릴라 반군 기지 등을 들르고 쿠바의 역사, 정치, 경제에 눈을 돌리고 있다는 점에서 새로운 책이다. 이제 우리 함께 '즐거운 혁명의 나라' 쿠바를 향해 '카미노 데 쿠바'를 떠나자.

쿠바 혁명 60주년 2019년 1월 1일

분당에서

1장

"모든 개인숭배는 잊어라"

SANTIAGO

REBELDE AYER,
HOSPITALARIA HOY
HEROICA SIEMPRE

피델의 도시 산티아고데쿠바

*Santiago de Cuba*

"나는 이제 내 변론을 끝내려 합니다. 그러나 나는 으레 변호사들이 하듯이 피고의 석방을 주장하지 않을 겁니다. 동지들이 피네Pines 섬의 감옥에서 고통을 당하고 있는데 나만 자유를 달라고 할 수는 없습니다. 나를 그곳으로 보내서 동지들하고 운명을 같이하게 해주십시오. 대통령이라는 자가 범법자이자 도둑인 나라에서는 정직한 사람은 죽거나 감옥에 있는 편이 정상이기 때문입니다. …… 나는 내 감옥 생활이 비겁한 위협과 잔인함으로 점철돼 그 누구보다도 가혹하리라는 점을 잘 알고 있습니다. 그러나 나는 동지 70명의 목숨을 빼앗은 불쌍한 독재자의 분노가 두렵지 않듯이, 감옥이 전혀 두렵지 않습니다. 내게 유죄 판결을 내려주십시오. 나는 개의치 않습니다. 역사는 내게 무죄 판결을 내릴 겁니다."


## 스물일곱, 혁명을 꿈꾸다

1952년 군인 출신인 바티스타가 군사 쿠데타를 일으켰다. 존 에프 케네디 미국 대통령이 나중에 '라틴 아메리카의 긴 억압의 역사 속에서도 가장 억압적이고 피로 물든 독재 정권'이라고 비판한 바티스타 독재 정권이 들어서서 민주주의를 짓밟았다.

아바나 대학교 법학과를 갓 졸업한 27살 젊은 변호사 피델 카스트로는 분노했다. 쿠데타가 일어나고 1년 뒤인 1953년 7월 26일, 피델 카스트로는 동생 라울 카스트로하고 함께 대학생 4명과 132명의 기층 민중 출신으로 구성된 결사대 136명을 이끌고 산티아고데쿠바에 있는 몬카다<sup>Moncada</sup> 병영을 공격했다. 선발대, 중간 팀, 주력 부대 등 차 3대에 나눠 타고 기습 공격을 위해 새벽에 군부대로 출발했다.

아바나 출신이어서 산티아고데쿠바의 언덕투성이 길을 잘 모르는 선발대의 운전기사가 길을 잘못 들면서 세 팀은 분리됐다. 카스트로가 이끄는 주력 부대가 군부대 정문을 들이받고 공격을 개시한 때는 주력 부대 병력의 열 배가 넘는 군인들이 만반의 준비를 하고 기다리고 있었다. 동지 70여 명이 사살되고 카스트로는 도주하지만, 발견 즉시 사살하라는 지시가 내려진다. 이틀 뒤 카스트로를 발견한 장교는 사살 명령을 어기고 반란자를 생포했다. 카스트로는 재판을 받게 되고, 이 장교는 큰 수난을 겪다가 혁명 뒤에 복권된다.

산티아고데쿠바로 향하는 첫 비행기를 타려고 새벽 3시에 호텔을 떠나 아바나 공항으로 향하면서 대학 시절 충격을 받은 카스트로의 이 유명한 최후 변론이 떠올랐다. 이 변론은 카스트로가 갇혀 있던 피네 섬에서 몰래 반출됐고, 지하 유인물로 만들어져 쿠바 전역에 배포되면서 혁명 운동의 동력이 됐다. 혁명 뒤에는 여러 언어로 번역돼 널리 알려졌다. 우리 두 사람의 '인연'이 참 오래됐다는 생각이 들었다. 1971년이니 무려 47년 전으로 거슬러 올라간다. 대학생이던 나는 우연히 카스트로의 연설문을 읽고 감동을 받았는데, 단순한 감동으로 끝나지 않았다.

# 47년, 세 번의 인연

1971년 봄에는 박정희와 김대중이 맞붙은 제7대 대통령 선거가 있었다. 관권 선거가 기승을 부리는 바람에 여러 대학의 학생들이 부정 선거를 막으려고 참관인단을 조직했다. 서울대학교 정치학과 2학년생으로 열혈 운동권이던 나도 여기에 참가해 많은 부정 선거를 목격했다. 나를 포함해 여럿이 참관인단 대표 자격으로 야당인 신민당 당사를 찾아갔다. 우리 대표들은 화기애애한 분위기에서 부정 선거의 진상을 조사하기 위해 선거를 보이콧하라고 촉구한 뒤 당사를 나왔다. 박정희는 야당 당사를 강제 점거한 채 국회의원 선거를 보이콧하라고 강압했다며 정당법과 선거법 위반으로 참관인단 대표들을 구속 기소했다. 재판에 넘겨진 나는 최후 진술에서 바로 이 카스트로의 최후 진술을 변형해 써먹었다.

"나는 3심 제도를 믿지 않습니다. 역사의 심판이라는 4심이 있기 때문입니다. 비록 재판관 여러분들이 제게 유죄 판결을 내리더라도, 역사의 심판은 무죄 판결을 하리라고 믿습니다." 재판관 3명 중에서 가운데 앉은 주심 재판관이 인자하게 웃으며 내 이야기를 들었다. 무죄가 선고됐다. 나중에 알고 보니 주심 재판관은 양헌 판사였다. 한-일 회담 반대 운동 때문에 일어난 1965년 6·3 사태 때 계엄이 내린 상황에서도 학생운동 지도자를 대상으로 하는 영장 발부를 거부해 테러를 당하기도 한 전설의 판사였다. 그런 사람 앞에서 4심 운운하며 폼을 잡은 꼴을 생각하니 공자 앞에서 문자 쓴 듯해 낯이 뜨거웠다.

47년이 지난 2018년 여름, 노교수가 된 나는 카스트로를 만나러 산티아고데쿠바로 향했다. 수도인 아바나가 미국 플로리다 반도를 마주보는 서북부에 있다면, 정반대인 동남쪽 끝에 자리한 제2의 도시 산티아고데쿠바는 아바나에서 800킬로미터나 떨어져 있다. 아바나가 서울이라면 산티아고데쿠바는 부산이다.

## 쿠바 속의 아프리카

카스트로는 1926년 이곳에서 그리 멀지 않은 시골에서 사탕수수 농장주의 아들로 태어났다. 부모는 공부하라며 아들을 도시로 보냈고, 아들은 여기에서 청소년기를 보내며 초중고 교육을 받았다. 1953년에 몬카다 병영을 습격하며 혁명을 시작한 곳도, 1959년에 게릴라전에서 승리해 처음 해방시킨 곳도 바로 여기다. 2016년, 90세 나이로 세상을 떠난 카스트로는 이곳에 묻혔다. 산티아고데쿠바는 '피델의 도시'다.

크리스토퍼 콜럼버스가 1492년 10월 27일 처음 발견한, 아니 도착한 땅이 신대륙이 아니라 신대륙에 맞붙은 작은 섬 쿠바라는 사실은 잘 알려져 있다. 그 뒤 쿠바는 아이티 등에 밀려 개발이 늦어지다가 1510년대에 접어들어 본격적으로 스페인 식민지로 바뀌게 된다. 그때 스페인이 수도로 정한 곳이 아바나가 아니라 바로 이 산티아고데쿠바였다(나중에 미국이 중요해지면서 미국 땅에 가까운 아바나로 수도를 옮겼다).

학살과 질병으로 원주민들이 대부분 사라지자 스페인은 노동력으로 쓰려고 아프리카 원주민들을 실어 왔다. 이 점에서 쿠바는 브라질하고 비슷하다. 백인이 대부분인 아르헨티나와 칠레, 원주민과 백인의 혼혈이 다수인 멕시코 등 대부분의 라틴아메리카하고 다르게 아프리카계가 인구의 다수를 차지한다('더 읽을거리'에 실린 〈쿠바와 라틴아메리카의 인구인종학〉 참조). 이 아프리카 사람들 대부분이 실려 온 곳이 바로 이 산티아고데쿠바다. 브라질 동부 살바도르에서는 아프리카계가 워낙 많아 '내가 아프리카에 와 있는 것 아닌가' 하는 충격에 빠진 적이 있다. 그 정도는 아니지만 산티아고데쿠바에서도 거리를 거닐면 많은 아프리카계를 만난다.

쿠바를 대표하는 신나는 라틴 음악도 바로 이곳에서 생겨났다. 오래전 미국 공영 방송 피비에스PBS는 〈아프리카인들The Africans〉이라는 다큐멘터리를 방영했다. 아프리카를 대표하는 세 문화를 상징하는 세 악기군으로 구성한 주제곡이 흘러나왔다. 유럽이 곡을 아름답게 꾸며줘 '음악의 살'이라 할 수 있는 현악기의 멜로디로, 아프리카는 '음악의 심장 박동'이라 할 수 있는 드럼의 비트와 박자로, 이슬람은 쇠피리 같은 관악기로 상징된다. 빠른 박자가 아프리카 노예들하고 함께 들어와 탄생한 음악이 쿠바를 대표하는 음악의 하나인 룸바Rumba다. 룸바가 탄생한 곳이 바로 산티아고데쿠바다.

쿠바를 대표하는 신나는 음악 살사(왼쪽)와 룸바(오른쪽) 음반.

쿠바를 넘어 라틴아메리카를 대표하는 음악인 살사Salsa도 마찬가지다. 살사는 1970년대 뉴욕에서 라틴 공동체를 중심으로 라틴아메리카의 여러 음악을 섞어 새로운 살사 음악을 만들면서 알려졌다. 살사가 처음 만들어진 곳도 산티아고데쿠바라고 이곳 사람들은 자랑한다. 룸바와 또 다른 라틴 음악 탱고를 섞어 만든 음악이 살사라면서 말이다(어원에 관해서는 여러 설이 있는데, 살사가 여러 가지를 섞은 춤이라는 점에 주목해 여러 향신료와 채소를 섞은 라틴아메리카 대표 향신료인 살사 소스에 빗대어 만든 이름이라는 주장이 가장 설득력을 얻고 있다).

산티아고데쿠바는 역사적 중요성 못지않게 쿠바 음악의 중심지이고 가장 열정적인 도시다. 이곳에서 하룻밤을 지내면서 많은 시간을 보낼 계획이었다. 여행 직전에 터진 항공기 사고 탓에 바뀐 일정이 안타까울 뿐이었다.

## 반군의 수도에서 만난 평양 유학생

산티아고데쿠바 공항에 내리자 '반군 도시 산티아고데쿠바', '영원히 영웅적으로'라고 쓴 커다란 벽 포스터가 눈에 띄었다. '피델의 도시'이자 '반군의 수도'다웠다. 공항을 나오자 태극기를 새긴 티셔츠를 입은 한 쿠바 친구가 우리를 기다리고 있었다. 쿠바 횡단 여행을 이끌어줄 가이드였다. 아버지가 외교관이라 어릴 때 평양에 살며 한국어를 배운 덕에 한국 전문 가이드로 일하는 에벨리오 두에나스는 나훈아를 좋아하니 자기를 나훈아라고 불러달라며 능청을 떨었다.

가장 먼저 찾은 곳은 구시가지 중심부에 자리한 세스페데스 광장이다. 산티아고데쿠바가 아바나보다 오래된 도시인만큼 구시가지는 식민지 시대의 고풍스러운 스페인 건물들로 둘러싸여 있었다. 샌프란시스코처럼 언덕이 많아서 수동 자동차로 운전하기가 힘겨운 도시였다. 사방이 언덕길인데다가 미로처럼 얽힌 구시가지를 지나가자니 65년 전인 1953년에 카스트로가 몬카다 병영을 공격할 때 차량 운전을 맡은 아바나 출신 혁명 동지가 길을 잘못 들어 공격에 실패한 이유를 알 수 있었다.

광장 한가운데에는 아담한 3층 건물이 눈에 들어왔다. 이제는 공산당 당사로 쓰는 건물이었다. 산타클라라 전투에서 패배한 소식을 듣고 독재자 바티스타가 미국으로 도주한 다음날인 1959년 1월 2일에 산티아고데쿠바에 진주한 카스트로는 이 건물 2층 발코니에 나와

'반군 도시 산티아고데쿠바'라고 쓴 포스터 앞에서.

대중들 앞에 처음으로 모습을 드러내고 첫 연설을 했다.

"산티아고데쿠바의 주민, 그리고 쿠바의 모든 애국 동포 여러분! 드디어 우리는 산타아고데쿠바에 도착했습니다. 길은 힘들고 멀었지만, 우리는 드디어 해냈습니다." 몬카다 공격에 실패한 뒤 5년 반 만에 카스트로는 승리자가 돼 자기를 키운 정신적 고향으로 돌아왔다.

## "조국이 온 인류다"— 산타이피헤이나 공동묘지

산티아고데쿠바에 온 가장 중요한 이유는 이 광장이 아니라 도시 서

산티아고데쿠바 구시가지 중심부 세스페데스 광장. 스페인풍 건물들이 곳곳에 눈에 띈다.

쪽 끝에 자리한 산타이피헤니아<sup>Santa Ifigenia</sup> 공동묘지였다. 호세 마르티 <sup>Jose Marti</sup>와 피델 카스트로의 무덤에 들러야 하기 때문이었다. 카스트로 는 이곳이 유년기와 청년기를 보낸 사실상의 고향인데다가 가장 존 경하는 쿠바 독립의 아버지 호세 마르티(우리에게도 익숙한 〈관타라 메라<sup>Guantanmera</sup>〉가 호세 마르티의 시로 만든 노래다)도 여기 묻혀 있어 아바나가 아니라 이 도시에 묻히고 싶어했다. 처음 독립 전쟁을 주도 해 쿠바의 '국부'로 불리는 카를로스 마누엘 데 세스페데스<sup>Carlos Manuel de</sup>

<sup>Cespedes</sup>, 독립 전쟁을 이끈 장군 11명, 1953년 몬카다 병영 공격 때 전사한 혁명 열사들이 잠들어 있는 사실상의 '쿠바 국립묘지'다.

서둘러 산타이피헤니아 공동묘지로 이동하는 데 눈앞에 거대한 광장이 나타났다. 혁명광장이었다. 최고 지도자가 된 뒤 카스트로는 이곳에 들러 많은 청중을 모아놓고 연설을 했다. 엄청난 크기의 뾰족한 창을 여러 개 세워놓은 듯한 조형물이 눈길을 사로잡았다. 광장에 세워놓은 1950년대식 미국산 자동차를 개조한 근사한 하늘색 택시, 멀리 보이는 카스트로의 사진, 그 앞으로 지나가는 낡은 인력거의 대비가 인상 깊었다.

쿠바 혁명, 혁명의 결과로 미국의 지배에서 해방된 자주, 자주의 대가로 떠안은 낙후성과 가난을 상징하는 광경이었다. 쿠바가 누리는 자주는 낙후성과 가난을 감내할 만한 가치가 있을까?

드넓은 공동묘지 앞에 걸린 커다란 현수막이 눈길을 끌었다.

'조국이 인류다<sup>Patria es Humanidad</sup>.'

조국이 인류다? 알 듯도 하고 모를 듯도 했다. 스페인과 미국의 지배로 이어진 쿠바 역사를 생각하면 이런 구호를 걸어놓은 이유가 이해는 되지만, '지구화 시대'에는 낯설다. 지구화 낙오자들의 지지를 받은 트럼프의 당선과 브렉시트, 유럽 극우 정당의 부상이 보여주듯 이제는 우익 민족주의가 대세가 되고 있으니 어찌 보면 시대에 맞는 듯도 하다.

묘지 안에 들어가자 예상하지 못한 문제가 생겼다. 유니폼 입은

앤틱 카 택시와 인력거가 공존하는 쿠바의 오늘.

2018년 쿠바에서 본 '조국이 인류다.'

사람들이 가득하고, 일반인들은 멀리 입구에서 구경만 하고 있었다. 쿠바 청소년 스포츠 대표단이 참배를 온 탓에 일반인의 접근을 막고 있었다. "멀리 아시아에서 취재 온 외국 손님들이니 사진만 찍고 올 수 있게 해주세요." 가이드가 부탁했지만 먹히지 않았다. 육각형으로 여섯 개의 높은 기둥을 세우고 지붕을 얹은 호세 마르티의 묘지를 참배하는 청소년들의 모습이 멀리 보였다.

## "나는 태양을 바라보며 죽을 것이네"

우리에게도 익숙한 〈관타라메라〉는 쿠바 민중들이 세상을 떠난 시인을 그리워하며 고인이 쓴 시에 가락을 붙여 만든 노래다. 마르티는 이 시의 마지막 구절에서 유언처럼 이렇게 노래했다.

내가 죽으면 어둠 속에 묻지 말아주오
매국노들하고 다르게 자랑스럽게 살았으니
나는 태양을 바라보며 죽을 것이네

죽어서도 태양을 바라보겠다니, '태양의 나라' 쿠바를 정말 사랑한 애국자다운 시다. 호세 마르티의 묘지는 이 유언 같은 시를 바탕으로 조성됐다. 죽어서도 늘 해를 받을 수 있게 쿠바 국기로 덮은 관

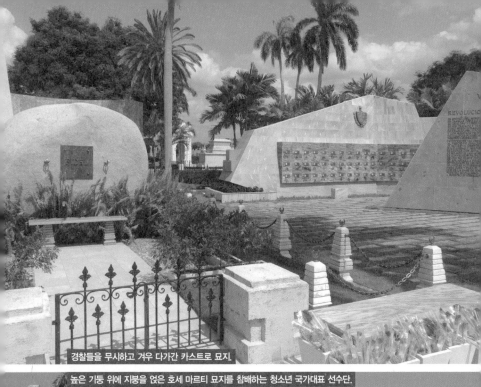

경찰들을 무시하고 겨우 다가간 카스트로 묘지.

높은 기둥 위에 지붕을 얹은 호세 마르티 묘지를 참배하는 청소년 국가대표 선수단.

을 매장하지 않고 지상에 배치한 뒤 육각형의 기둥 건물을 세운 특이한 무덤을 만들었다.

저 멀리 어린 선수들이 줄을 지어 올라가 가운데 놓인 호세 마르티의 관에 경의를 표하고 내려오고 있었다. 바로 그 옆이 카스트로의 묘지라는데, 규모가 크지 않은지 선수들 무리에 가려서 보이지도 않았다. 일정상 무작정 기다릴 수 없었다. 가이드도 오늘 안으로 몬카다 병영도 둘러보고 카스트로와 게바라가 함께 싸운 게릴라 본부인 시에라마에스트라까지 이동해야 해서 이곳 일정은 포기하고 어서 이동하자고 재촉했다.

여기까지 와서 포기할 수는 없었다. 한국하고 질적으로 다른 쿠바의 한여름 땡볕에 땀을 뻘뻘 흘리며 한 시간을 기다렸을까. 그 바람에 몬카다 병영에 들르는 일정은 포기해야 했지만, 청소년 선수단이 호세 마르티 묘소 쪽으로 이동하자 피델의 묘소 쪽이 비었다. 몇몇 경찰의 저지를 무시하고 무조건 그쪽으로 달려갔다. 눈앞에 커다란 바위가 나타났다.

'FIDEL.'

바위에는 초록색 사각형 동판에 이 다섯 자만 새겨져 있었다. 카스트로는 자기를 기념하는 동상이나 관광 상품을 만들지 말고, 자기 이름을 딴 거리나 광장, 연구소 등도 만들지 말라는 유언을 남겼다고 한다. 아무리 그래도 그렇지. '쿠바 혁명의 아버지'나 '쿠바 민중의 아버지' 같은 흔한 수식어도 없는데다가, '피델 카스트로'나 '카스트로'

도 아니고 '피델'이라니! 찌는 듯한 쿠바의 무더위를 다 잊게 하는 시
원한 충격이었다.

　그동안 가본 묘지 중에서 가장 감명받은 곳은《그리스인 조르
바》와《최후의 유혹》등을 쓴 그리스 소설가 니코스 카잔차키스Nikos
Kazantzakis의 무덤이었다. 경제 위기의 실상을 직접 확인하려고 그리스를
간 김에 좋아하던 작가 카잔차키스가 남긴 흔적이 보고 싶어 크레타
섬에 갔다.

　카잔차키스는 그리스도를 인간적으로 그린 소설을 쓰는 바람에
종교적 박해를 받다가 결국 고향인 크레타 섬의 성내에 자리잡지 못
한 채 에게 해가 내려다보이는 성곽 위에 묻혀 있었다. 묘지가 자리한
위치부터 범상치 않은데다가 묘지도 감동 자체였다. 돌이나 금속이
아니라 나뭇가지로 십자가를 만든 무덤과 생전에 미리 써놓은 묘비
명이 압권이었다.

나는 아무것도 바라지 않는다I hope for nothing.
나는 아무것도 두려워하지 않는다I fear nothing.
나는 자유다I am free.

　내 묘비명에 써놓고 싶은 말이었다.

　나는 스스로 '실천적 지식인'이라고 생각했다. 나름대로 물질의
유혹이나 권력욕에 흔들리지 않고, 권력이나 주류를 두려워하지 않

나무 십자가를 세워놓은 카잔차키스의 묘지.

고, 꾸준히 불의에 맞서 싸우고, 자유로운 영혼으로 살려 노력했다. 묘비명에 이런 말을 써놓을 만큼 나는 자신있게 살았을까?

그런 것 같지는 않다. 카잔차키스의 묘비명은 그래서 더욱 감동적이었다. 그 문구는 그동안 어렴풋하게 생각했지만 명확히 정리하지는 못한 삶의 원칙들, 남은 삶 동안 어떻게 살아야 하는지를 명확히 해줬고, 그날 이후 늘 내 머릿속을 떠나지 않고 있다.

카스트로의 묘지는 카잔차키스의 묘지하고는 성격이 전혀 다른 감흥을 불러일으켰다. 카잔차키스 같은 예술가하고 다르게 카스트로는 오랫동안 국가 원수를 지낸 혁명가 출신 정치인이다. 아직 한국인들이 쿠바를 찾지 못하던 2000년, 처음 쿠바 땅에 가 충격은 받은 사실은 어디를 가도 카스트로의 동상 같은 기념물이 없다는 점이었다. 거대한 김일성 동상 등 북한의 개인숭배를 익히 봐온 우리에게는 신선한 충격이었다.

그때는 카스트로가 살아 있을 때니 그럴 수도 있다고 생각했다. 이제는 카스트로도 이 세상 사람이 아니니 동상 하나는 있을 줄 알았는데, 동상은커녕 성도 아니고 이름만 덩그러니 쓴 '피델'이라니! 고 김대중 대통령의 묘지를 서울에 있는 국립묘지가 아니라 광주나 목포에 만든 뒤 돌 하나에 '고 김대중 대통령'도 아니고 'DJ'라고 써놓은 셈이다. 나는 내 묘비명을 '호철'이라고 쓸 수 있을까?

# 다섯 글자로 남은 혁명가

1959년 혁명에 성공해 50년가량 권력의 정점에 머문, 가장 오랫동안 권력을 쥐고 있던 현대 정치인이 카스트로다. 장기 집권을 터부시하는 자유민주주의의 기준에 따라 얼마든지 비판할 수 있는 대목이다. 나도 장기 집권에 비판적이다. 장기 집권하고도 타락하지 않을 권력은 없기 때문이다. 혁명은 '제도화'해서 혁명 지도자 개인이 죽더라도 계속될 수 있게 해야지 지나치게 개인에 의존하면 안 된다.

2004년 21세기 사회주의 혁명의 주역으로 주목받던 우고 차베스 Hugo Chávez가 초청해 베네수엘라를 간 적이 있다. 차베스의 뛰어난 지도력, 특히 지적 능력에 깊은 감명을 받았지만, 문제도 있었다. 세계 각국에서 온 진보적 지식인 2000명 앞에서 차베스는 예정 시간인 4시간보다 무려 4시간이나 더 긴 8시간을 혼자 떠들었다. 대통령 주최 만찬도 예정 시간인 6시가 아니라 밤 11시에 먹어야 했다.

차베스는 이런 말로 연설을 시작했다. "얼마 전 어느 국제 행사를 갔는데 카스트로가 먼저 연설을 시작하면서 '내가 20분 넘게 연설하면 돌을 던지시오'라고 이야기하고도 두 시간을 떠들어서 정말 돌을 주워 던졌습니다. 내가 너무 길게 떠들면 뭐라도 던지세요." 이런 말을 하고도 8시간을 혼자 떠들어대는 모습을 보면서, 나는 차베스가 혁명을 제도화하지 않고 개인화해 장기 집권할 사람이라는 비판적인 글을 썼다. 얼마 뒤 차베스는 개헌을 거쳐 장기 집권을 꾀했고, 나를 포

다섯 글자로 남은 혁명가 피델.

MARTIRES DEL 26 DE JULIO DE 195

FIDEL

함한 많은 사람들이 비판을 쏟아냈다.

다섯 글자 묘비는, 모든 개인숭배를 거부한 결단은 카스트로가 '진정한 혁명가'이자 '거물 정치인'이라는 사실을 웅변한다. 장기 집권을 했을 뿐 아니라 혁명을 팔아 권력을 유지하며 개인 숭배를 강요한 '속물 혁명가'나 장기 집권은 안 했어도 민의를 팔아 권력만 추구한 '속물 정치인'하고는 달랐다. 다섯 글자 묘비 앞에서 묵념하다가 나도 모르게 이렇게 말할 수밖에 없었다.

"편안히 쉬시오. 피델!"

2장

**"모두 내 아이다"**

국부 세스페데스의 도시 바야모

*Bayamo*

호세 마르티의 묘지를 보고 싶었다. 몬카다 병영에도 가고 싶었지만, 일행을 굶길 수는 없었다. 점심을 예약한 모로Morro 요새로 향했다. 산티아고데쿠바 외곽으로 가야 하는 모로 요새는 풍광이 좋은데다가 다음 행선지인 바야모로 가는 길에 자리하고 있었다. 높다란 절벽 위에 세운 난공불락의 요새에 올라서면 끝없이 펼쳐진 카리브 해가 내려다보이고 모든 것을 잊게 하는 풍광이 펼쳐진다. 섬나라 쿠바에서는 여행 내내 카리브 해가 눈에 들어왔지만, 모로 요새에서 보는 카리브 해는 평지에서 보는 바다에 견줄 수 없었다.

## 게바라와 먼로, 천국에서 만난

1544년 해적들이 산티아고데쿠바를 약탈했다. 스페인은 해적들을 막기 위해 이탈리아의 유명한 요새 건축가에게 의뢰해 거대한 모로 요새를 설계했다. 재정 문제 때문에 건설 일정이 늦어지고 착공 뒤에도 공사가 지연되면서 산티아고데쿠바는 또 한 차례 해적들에게 점령된다. 깜짝 놀란 스페인은 다시 공사에 속도를 내어 1700년대 초에 요새를 완공했다. 요새가 완성되지만 이미 '해적의 시대'는 끝난 뒤였다. 스페인은 쓸모없는 요새를 감옥으로 재활용했다. 아바나에 있는 모로 요새처럼 해질녘이 되면 옛날 복장을 한 군인들이 나와 석양으로 물든 카리브 해를 향해 대포를 쏘는 장관을 연출한다.

요새에서 식당으로 가는 길에는 기념품 노점상들이 줄을 이었다. 18년 전에 견줘 사기업이 활발해진 모양이다. 기념품도 고작해야 게바라 티셔츠 정도였는데, 지금은 아주 다양해졌다. 게바라 얼굴을 집어넣은 기념품만 하더라도 목각부터 아시아에서 온 여행자를 노려 만든 듯한 합죽선, 자동차 번호판까지 기발한 물건이 많았다.

어느 고급 기념품 가게는 카스트로와 게바라의 대형 유화 초상화를 나란히 걸어놓고 있었다. 돈 많은 쿠바인이면 몰라도 이런 그림을 사 갈 외국인은 없지 싶었다. 돈 많은 쿠바인은 신흥 자본가일 텐데, 그 사람들도 반자본주의자인 카스트로와 게바라의 얼굴을 집에 걸어놓고 싶을까? 한 종업원이 카스트로와 게바라의 초상화 옆에 미국 대중문화의 상징이라 할 만한 마릴린 먼로의 초상화를 걸고 있었다. 게바라와 마릴린 먼로, 세계적인 스타지만 스타일은 전혀 다른 두 사람이 쿠바의 거리에서 나란히 섰다.

첫 비행기 시간에 맞추느라 새벽 2시에 일어나 짐 꾸려 공항으로 가 두 시간 동안 비행기를 탔다. 무더위에 반나절을 돌아다니다가 식당에 들어가니 갑자기 피곤이 몰려왔다. 배도 고팠지만, 음식보다도 시원한 맥주가 급했다. 경제 사정이 좋아진 덕인지 18년 전 마신 미지근한 맥주하고는 다른 얼음처럼 차가운 맥주가 나왔다. 시원한 그늘에 앉아 카리브 해의 명물인 로브스터를 안주 삼아 목이 아리도록 찬 맥주를 마시며 끝없이 펼쳐진 바다를 바라봤다. 천국이 따로 없었다.

요새를 감옥으로 바꾼 모로 요새. 해질녘이 되면 옛날 군인 복장을 한 사람들이 나와 카리브 해를 향해 대포를 쏘는 장면을 연출한다.

모로 요새 진입로 거리의 인물화 노점상.

피델 카스트로, 체 게바라, 마릴린 먼로가 공존하는 쿠바의 오늘.

## 아들을 잃고 조국을 얻다

모로 요새를 떠난 버스는 한참을 달려 쿠바의 공식적인 '국부'인 카를로스 마누엘 데 세스페데스가 태어난 바야모에 도착했다. 세스페데스는 낯선 이름이다. 나도 이번 여행을 준비하기 전까지는 모르던 사람이지만, 쿠바인들은 호세 마르티 만큼이나 존경하는 인물이다. 바야모에서 부잣집 아들로 태어난 세스페데스는 스페인 바르셀로나에서 법대를 다닌 변호사이자 시인이었다. 스페인을 비판하는 풍자시를 써서 유죄 판결을 받고 두 번이나 추방된 급진적 사상의 소유자이기도 했다.

쿠바로 돌아온 세스페데스는 도시보다는 시골이 큰일을 도모하는 데 적합하다고 판단해 바야모 근교에 큰 농장을 사들였다. 독립운동을 모색하던 중 외아들 오스카가 체포됐다. 스페인 정부는 독립운동을 그만둔다고 약속하면 아들을 살려주겠다고 비밀 제안을 했다. 세스페데스는 이 제안을 거절했다.

"오스카가 내 유일한 자식은 아니다. 나는 쿠바 혁명을 위해 목숨을 바친 모든 이들의 아버지다."

오스카는 결국 사형을 당했고, 그 뒤 사람들은 세상을 떠난 아들을 대신해 세스페데스를 '국부'로 부르기 시작했다.

스페인 정부는 세스페데스가 거사를 준비한다는 정보를 알고 몰래 진압을 준비했다. 이런 움직임을 감지한 세스페데스는 거사를 앞

당겨서 1868년 10월 10일에 모든 인간은 평등하기 때문에 노예는 해방돼야 한다는 내용 등을 담은 〈10월 10일 선언〉, 일명 〈자유의 함성〉을 발표했다.

이 문건을 통해 쿠바 최초로 독립과 노예 해방을 선언한 선각자 세스페데스는 스스로 자기가 소유한 노예들을 먼저 해방했다. 해방한 노예들, 아니 시민들에게 세스페데스는 독립 전쟁에 참여하라고 설득했다. 이렇게 해서 '10년 전쟁'이라고 부르는 쿠바의 '1차 독립 전쟁'이 시작됐다(쿠바 독립 하면 세스페데스 이상으로 잘 알려진 호세 마르티는 그 30년 뒤에 '2차 독립 전쟁'을 주도한 사람이다).

시인이자 변호사에서 독립군 총사령관으로 변모한 세스페데스는 탁월한 역량을 발휘해 군대 1500명을 모으는 데 성공했고, 3일간의 치열한 전투 끝에 바야모를 함락한 뒤 정부 수립을 선포한다. 세스페데스는 새 정부의 대통령에 오르지만 보수적인 의회에 맞서다가 실각했다. 산속으로 들어간 불운한 혁명가는 스페인군에 사살됐다.


## '국부'는 고유 명사다

세스페데스가 태어난 생가를 전시관으로 꾸민 박물관은 안타깝게도 문이 닫혀 있었다. 할 수 없이 그 앞 광장으로 향했다. 광장의 중심에는 세스페데스의 동상이 서 있었고, 동상 밑에는 이름도 없이 '국부

바야모 시내 광장에 서 있는 쿠바의 공식 국부 세스페데스.

<sup>Padre de la Patria</sup>라는 글자만 써 있었다. 쿠바에서 국부라는 표현은 세스페데스를 의미하는 고유 명사였다.

18년 만에 다시 들러 쿠바를 횡단하면서 알게 된 사실이지만, 각 도시의 중앙 광장에는 카스트로나 게바라, 호세 마르티 같은 유명한 인물이 아니라 각각 다른 사람의 동상이 서 있었다. 바야모 하면 떠오르는 세스페데스처럼 그 지역을 대표하는 독립운동가들의 모습이 눈에 띄었다. '역사의 지방 분권화'이자 '기억의 정치의 지방 분권화'가 잘 진행된 셈이다. 배울 만한 정책이다.

바야모 광장에 앉아서 사방을 둘러봤다. 청소 도구를 옆에 놓고 잠깐 광장의 벤치에 앉아 휴식을 취하는 어느 아프리카계 청소 노동자의 얼굴에도, 무심히 지나가는 평범한 이들의 표정에도 평안함이 흘러넘쳤다. 쿠바에 가면 어디에서나 볼 수 있는 풍경이지만, 무더위도 아랑곳없이 무명의 악사들도 청중이 있건 없건 흥겨운 음악을 연주하고 있었다.

아름다운 소도시 특유의 한적함에 빠져 일정이고 뭐고 그곳을 떠나기가 싫었다. 이대로 눈을 감고 낮잠을 즐기거나 모든 일을 잊고 멍 때리는 삶이 바로 쿠바 스타일이고 쿠바와 쿠바 여행의 매력이다. 내가 기회 있을 때마다 강조해온 호모 루덴스의 즐거움도 바로 이런 삶이 아닐까?

광장 저쪽 끝 건물에 걸린 '그란마<sup>Granma</sup>, 승리!'라는 포스터가 눈에 들어오기 전까지는 이런 생각에 잠겨 있었다. 그란마는 카스트로

바야모 광장의 평안한 한때를 즐기는 아프리카계 청소 노동자.

'그란마'는 카스트로와 게바라 일행이 쿠바에 타고 온 요트 이름이다.

'승리할 때까지 언제나!' 광장에 남은 혁명의 추억.

와 게바라가 게릴라 투쟁을 벌이려고 멕시코에서 타고 온 요트의 이름이다. 그 이름을 보고는 정신이 번쩍 나서 자리를 박차고 일어났다. 그날의 목적지인 시에라마에스트라 산맥에 해가 지기 전에 도착하려면 갈 길이 멀기 때문이었다.

빠듯하게 짜인 일정 탓에 느긋한 호모 루덴스와 쿠바 스타일이 아니라 호모 파베르와 '빨리빨리'의 코리언 스타일(강남 스타일)로 여행할 수밖에 없는 모순된 상황이었다. 우리는 호모 파베르의 삶에 길들어 있다.


## 삼각형으로 남은 사람들

시에라마에스트라 산맥은 평지가 대부분인 쿠바에서 가장 높고 장엄한 산악 지대다. 시에라마에스트라 산맥을 빼면 쿠바에 있는 산악 지대는 아바나로 가는 길목으로 전략 요충지인 산타클라라 부근의 에스캄브리아 산 정도다. 최고봉이 1974미터로 한라산(1950미터)과 지리산(1916미터)보다 조금 높은 시에라마에스트라 산맥은 카스트로와 게바라가 게릴라 활동을 벌인 곳으로, 위치나 산세 등이 빨치산이 활약한 지리산을 닮았다. 쿠바 제2의 도시인 산티아고데쿠바에서도 그리 멀지 않으니, 그란마 호를 타고 쿠바에 상륙한 혁명군이 게릴라 본부를 차리는 데 가장 좋은 곳이었다.

혁명 과정에서 목숨을 잃은 동지들의 얼굴과 이름을 새긴 조형물.

비포장도로로 들어서서 한참을 달리자 길가에 초록색과 갈색으로 칠한 삼각형 모양 구조물들이 나타났다. 차를 세우고 자세히 보니 젊은 남자의 사진하고 함께 이름이 써 있다. 게릴라 투쟁 과정에서 목숨을 잃은 혁명 동지들의 얼굴과 이름을 새겨놓은 기념비였다. 역사에서는 늘 큰 이름만이 기억되기 마련인데, '이름 없이 쓰러져 간 동지들'을 이렇게 기억하는 쿠바 사람들이 존경스러웠다. 모두 혁명이 승리한 덕분인 걸까? 삼각형들은 한참 이어졌다. 그만큼 많은 사람이 목숨을 잃었다는 이야기다.

가파른 산길에 접어들어서는 사륜구동 차로 갈아탔다. 한 시간

정도 올라가자 눈앞에 작은 산장이 나타났다. 그곳에서 잠을 자고 아침에 산속에 자리한 반군 본부로 올라가야 한다. 잠자리에 누워 흐르는 물소리를 들으니 역사 속에 삼각형으로 남은 쿠바 혁명의 '이름 없이 쓰러져 간 민중들'이 떠올랐다.

3장

민물게, 카스트로, 이현상

시에라마에스트라의 게릴라 본부

*Sierra Maestra*

"피고 카스트로, 15년!"

봉기에 실패한 카스트로는 1953년 7월 26일에 15년형을 선고받고 외딴 섬에 갇히지만, 치열하게 벌어진 사면 운동 덕에 1년 반 뒤인 1955년 출소한다. 실패한 봉기의 정신을 이어갈 '7월 26일 운동'이라는 지하 조직을 만든 카스트로는 바티스타 정부가 목숨을 위협하기 시작하자 동생 라울 등하고 함께 멕시코로 망명한다. 거기에서 동생 라울이 소개한 아르헨티나 사람 에르네스토 체 게바라를 만나면서 두 혁명가는 새로운 역사를 쓰게 된다. 카스트로와 게바라는 만나자마자 의기투합했고, 시에라마에스트라 산맥에 들어가 게릴라전을 벌이기로 결심했다.

## 오줌을 마시며 혁명을 이어가다

1956년 11월 25일, 게릴라전에 필요한 혹독한 군사 훈련을 받은 혁명 투사 82명은 정원 20명인 작은 요트 그란마 호를 타고 쿠바로 향한다. 일주일 뒤인 12월 2일, 그란마 호는 시에라마에스트라 산맥에 가까운 동남쪽 해변에 도착한다. 우수한 화력을 갖춘 바티스타 정부군이 진압에 나서면서 게릴라 부대는 대부분 목숨을 잃고, 살아남은 사람도 몇몇만 빼고 포로가 된다.

카스트로는 동생 라울과 동지 게바라의 생사도 모른 채 경호원과 의사인 친구하고 함께 사탕수수밭에 숨는다. 허기를 채우려 사탕수수 줄기를 씹고 갈증을 벗어나려 오줌을 마시며 그곳에서 3박 4일을 견딘다. 시간이 흐르면서 공포와 허기를 이겨내야 한다고 생각한 카스트로는 두 사람을 상대로 호세 마르티에 관한 강의를 하기 시작한다. 두 사람은 '카스트로가 드디어 미치기 시작했다'고 생각하고, 포로가 되느니 자살하고 말자고 결심한 카스트로는 밤이 되면 총구를 목에 대고 잠든다.

반전이 일어난다. 나흘이 지나자 반군을 소탕했다고 판단한 바티스타 군이 철수하기 시작한다. 세 사람은 8일 동안 하수구를 기어 이동하는 등 죽을 고비를 넘기며 지역에 있는 동조자들을 만난다. 동생 라울이 포함된 4인 부대, 게바라와 카밀로 시엔푸고스가 포함된 8인 부대도 다시 합류한다. 이 15명은 지역 동조자들의 안내를 받아 시에라마에스트라 산맥으로 들어간다.

한참을 들어가니 한 농부가 살고 있는 외딴 농가가 나타난다. 카스트로는 그곳 지리를 잘 아는 농부가 하는 권고를 따라 가까운 곳에 반군 본부를 만든다. 게릴라 부대는 지지자를 늘려가면서 '반군 방송'을 만들어 쿠바 전역을 무대로 선전전을 편다. 여러 차례에 걸친 바티스타의 진압 작전을 모두 격퇴하고 2년 뒤 대대적인 공세에 나선 반군은 결국 혁명에 성공한다.

## Travesía del Yate Granma / Granma Yacht Journey

ESTADOS UNIDOS

CUBA

DATOS TÉCNICOS / TECHNICAL DATA

Tipo de embarcación: de paseo (recreo)
Boat type: pleasure (recreational)

Año de construcción: 1943
Year of building: 1943

Lugar de construcción: EE.UU.
Place of building: U.S.A.

Material de construcción: Madera
Building material: Wood

DIMENSIONES / DIMENSIONS

Eslora máxima: 19.20 m (63 pies) / Overall length: 19.20 m (63 feet)

Manga máxima: 4.57 m (15 pies) / Maximum Beam: 4.57 m (15 feet)

Calado máximo: 1.28 m (4 pies) / Calado máximo: 1.28 m (4 pies)

Puntal en la cuaderna maestra: 4.87 m (16 pies)
Midship section height: 4.87 m (16 feet)

Desplazamiento máximo: 48 tons / Maximum displacement: 48 tons

CARACTERÍSTICAS TÉCNICAS
TECHNICAL CHARACTERISTICS

Velocidad: 9 nudos / Speed: 9 knots

Autonomía: 43 horas por combustible
Range: 43 hours by fuel

Distancia de navegación a 9 nudos: 387 millas
Navigation distance at 9 knots: 387 miles

Consumo de combustible por hora: 20 litros
Fuel consumption per hour: 20 liters

# 제3세계 혁명 이론을 뒤바꾼 쿠바 혁명

쿠바 혁명은 단순히 쿠바라는 한 나라의 혁명을 넘어서 세계사, 특히 제3세계 역사에서 중요한 의미를 지닌다. 쿠바 혁명이 일어나기 전까지 제3세계를 분석하는 좌파의 지배적인 이론틀은 '식민지 반<sup>#</sup>봉건 사회'론이었다.

우리는 서구의 경험에 기대어 중세 봉건제 다음에는 자본주의가 온다고 생각하기 쉽다. 쉽게 말해, 제3세계도 서구 자본주의가 들어오면서 서구처럼 공장이 생겨나고 반예속 상태의 소작농들이 근대적인 노동자로 변모하게 되리라고 생각했다. 제3세계의 많은 지식인들도 처음에는 그렇게 생각했지만, 현실은 달랐다. 제국주의는 식민지에 자본주의와 산업화를 가져다주지 않았다. 오히려 식민지를 값싼 농산물의 공급지와 공산품의 소비지로 만들기 위해 식민지 지주하고 결탁해 산업화를 가로막으며 반봉건적 농민 수탈을 온존시키고 강화했다. 이런 현실을 정리한 이론이 제국주의가 제3세계를 식민지로 만들고 반봉건제를 강화시킨다는 식민지 반봉건 사회론이다.

한국 현대사를 봐도 맞는 이야기다. 일제는 한반도의 산업화를 막았다. 조선총독부에 결탁한 악덕 지주들이 감행하는 수탈 때문에 농촌의 봉건적 수탈 체제는 오히려 강화됐다. 일제 강점기 때 소작농은 줄어들기는커녕 더 늘었다. 농촌의 이런 비참한 상황이 해방 정국에서 농민들이 반기를 들고 일어나는 배경이 된다. 그리고 일제하에

EL SILENCIO DE LOS PANTAN

민중들의 비참한 삶은 어디나 마찬가지다.

서 악덕 지주들에게 땅을 빼앗긴 농민들은 피눈물을 흘리며 가족을 이끌고 멀리 간도로 떠나야 했다. 우리가 '조선족'이라고 부르는 재중 동포들은 이렇게 생겨났다.

이런 이유 때문에 식민지의 노동자와 농민이 자주적인 산업화를 바라는 민족 자본가하고 연대해 제국주의와 봉건 세력을 몰아내는 '반ᴬ제 반ᴬ봉건 혁명'을 해야 한다고 식민지 반봉건 사회론은 주장했다. 중국 혁명과 베트남 혁명이 기본적으로 식민지 반봉건 사회론에 기초했다. 일제 강점기와 해방 정국 때 활동한 많은 좌파들도 이런 이론을 따랐고, 북한도 해방 뒤에 실행한 친일파 척결과 농지 개혁을 이렇게 설명했다.

이 이론은 제3세계가 식민지에서 해방되는 등 세상이 많이 바뀐 1950년대에도 계속 이어지면서 문제가 됐다. 대표 사례가 바로 쿠바 공산당이다. 쿠바공산당은 쿠바가 식민지 반봉건 사회이며 민족 자본가가 중심 구실을 하는 반제 반봉건 혁명 단계라고 봤고, 이런 단계에서 공산당은 민족 자본가가 주도하는 반제 반봉건 혁명을 도와야 한다고 주장했다. 그런 상황에서 카스트로가 혁명을 일으키자 쿠바공산당은 '극좌적 폭동주의'라고 강하게 비난했다(우리의 예상하고 다르게 혁명에 성공할 때까지 카스트로는 공산당원이 아니었다).

혁명은 성공했고, 성공한 혁명은 제3세계 이론에 혁명적 변화를 가져왔다. 좌파 이론가들은 라틴아메리카가 더는 식민지 반봉건 사회가 아니라 이미 (종속적) 자본주의라고 보는 종속 이론을 개진했다 (한국에도 1980년대에 종속 이론이 유행했지만, 이론이 나온 이런 맥락은 제대로 이해하지 못한 채 피상적으로 도입했다). 라틴아메리카가 못사는 이유는 남아 있는 봉건제가 아니라 (선진국의 제국주의에 연결된) 자본주의이며, 깨트려야 할 대상도 봉건제가 아니라 자본주의라고 주장하는 이론이었다.

쿠바 혁명이 성공하자 라틴아메리카의, 아니 제3세계의 좌파 정당들도 식민지 반봉건 사회론에 기반한 반제 반봉건 혁명론을 폐기하고 '혁명적 사회주의' 노선을 채택했다. 다만 북한은 1980년대까지 식민지 반봉건 사회론을 고수하면서 남한 사회가 미국의 식민지이고 '반쪽짜리 자본주의'인 식민지 반자본주의 사회라는 시대착오적인 주

장을 폈다. 한국 사회에 등장한 이른바 주체사상파들도 이런 주장을
받아들였다.


## 오르락내리락 혁명의 본부로

다음날 사륜구동 차를 타고 30분 정도 산길을 올라갔다. 기사가 차
를 세우더니 내리라고 손짓을 했다. 차에서 내리자 앞쪽 언덕에 '국립
투르퀴노 공원'이라는 작은 팻말과 안내 지도가 보였고, 그 옆에 가이
드가 기다리고 있었다. 아말이라는 가이드는 이곳이 해발 900미터 정
도 되는데 한참을 내려가다가 다시 올라가 해발 1050미터 지대에 가
야 반군 본부에 도착할 수 있다고 설명했다.

　한참을 내려간다니 걱정이 됐다. 갈 때야 그런대로 쉽게 갈 수 있
을지 모르지만 돌아올 때는 무더위 속에 오르막길을 걸어야 하기 때
문이다. 매도 먼저 맞는 놈이 낫다는데 말이다.

　돌이 많고 진흙탕이 자주 나타나 걷기가 쉽지 않았다. 정글을 지
나가기 때문에 땡볕은 피할 수 있어서 그나마 다행이었다. 얼마를 내
려갔을까, 탁 트인 전망 속에 농가 한 채가 나타났다. 카스트로 일행
이 처음 시에라마에스트라에 도착할 때 식량을 나눠주고 본부를 만
들게 도와준 메디나라는 농부가 살던 집이다.

　기둥을 세우고 지붕을 얹은 헛간에 의자가 몇 개 놓여 있었고, 쿠

게릴라처럼 혁명의 본부로 가는 길(위).
해발 900미터에서 우리를 기다린 가이드 아말(아래).

농부 메디나가 살던 산속 농가.

산속 농가에 사는 아드리아노와 엄마하고 함께.

쿠바 국기와 카스트로 90세 생일을 축하하는 포스터.

바 국기와 카스트로의 90세 생일을 축하하는 포스터가 눈에 띄었다.
가이드가 탐방객을 상대로 해설하는 간이 강의실 같은 곳이었다. 농
가에서 중년 아주머니와 예쁜 딸이 나타났다. 여자아이에게 이름을
묻자 아드리아노라고 수줍게 답하더니 엄마 뒤에 숨었다. 미리 주문
하면 돌아올 때 먹을 수 있게 준비해놓는다고 해서 커피와 음료를 부
탁하고 다시 길을 떠났다.

한참을 더 내려가자 오르막길이 시작됐다. 정글 속이라 땡볕은
피할 수 있었지만 더위는 어쩔 수 없었다. 헉헉거리며 계속 언덕을 올

라가니 기둥만 한두 개 세우고 짚더미를 쌓아놓은 집터 같은 곳이 나타났다. 게바라가 운영한 야전 병원인데, 지금은 수리 중이었다.

의대를 졸업한 게바라는 의사로 일한 적이 없지만 대학 때 배운 의학 지식을 활용해 게릴라 부대의 의사로 활동했다. 18년 전 들른 아바나의 혁명박물관에서 게바라가 쓰던 치과용 펜치를 인상 깊게 본 적이 있다. 마침 일행 중에 치과 의사가 두 명이나 있어서 함께 기념 촬영을 했다. 게바라는 인간을 살리는 의사와 때로는 사람을 죽여야 하는 혁명가라는 양면을 지닌 자기에 관해 일기에서 이야기한 적이 있다. 적이 급습하는 바람에 동지 한 명이 상자 두 개를 버리고 도주하는데, 하나는 구급상자이고 다른 하나는 탄약 상자였다. 게바라도 부상을 당해 둘 중 하나만 옮길 수밖에 없는 상황이었다(이산하 엮음,《체 게바라 시집》에서 인용).

나는
생애 처음으로 깊은 갈등에 빠졌다.


너는 진정 누구인가?
의사인가?
아니면, 혁명가인가?
지금
내 발 앞의 두 상자가 그것을 묻고 있다.

게바라가 운영한 야전 병원. 지금은 수리 중이다.

반군 본부 근처에 만든 헬기장.

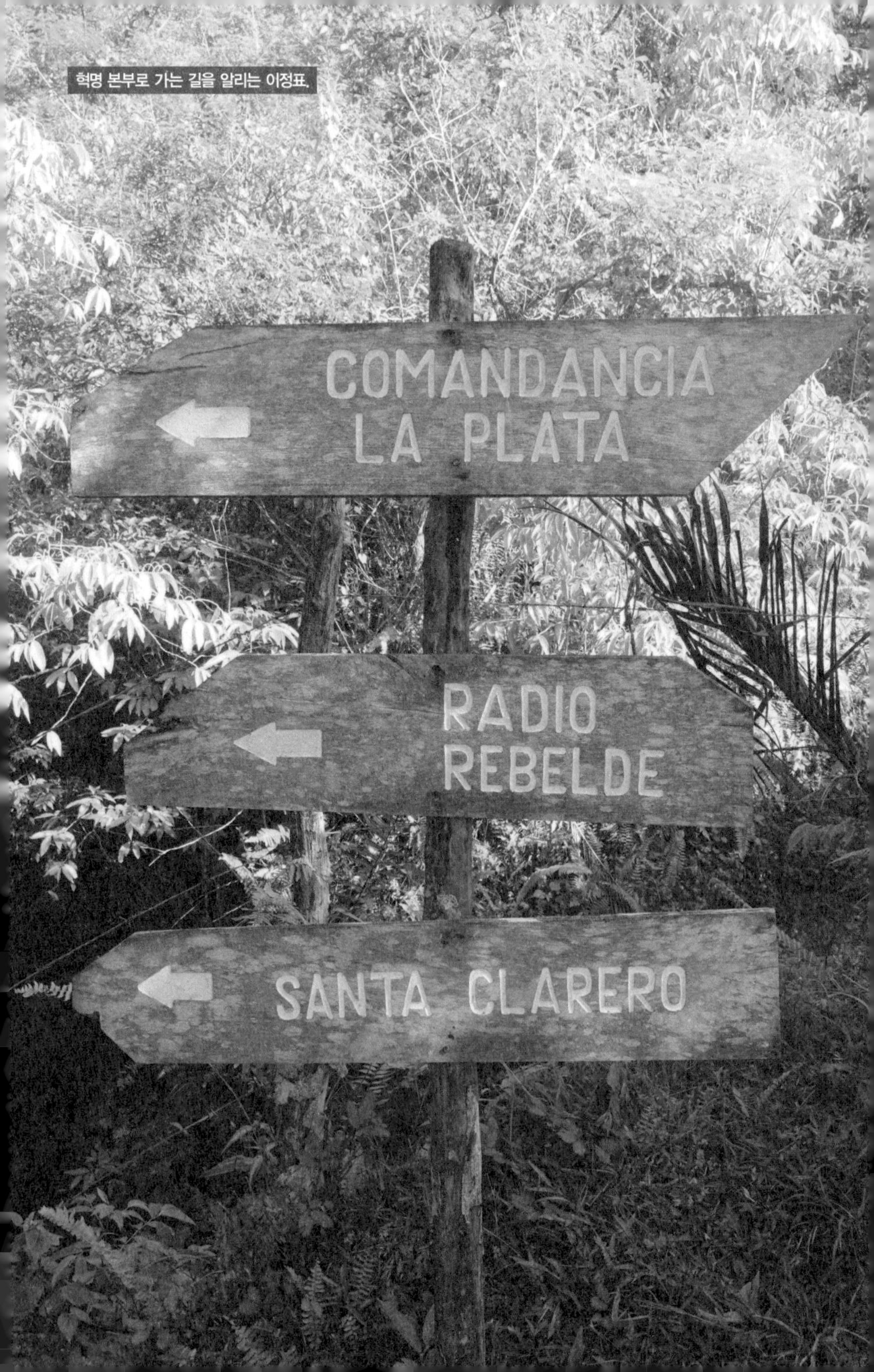

혁명 본부로 가는 길을 알리는 이정표.

나는

결국 구급상자 대신

탄약 상자를 등에 짊어졌다.


조금 더 올라가니 오른쪽으로 가면 반군 지휘 본부와 '라디오 반군'이 있다는 표지판이 보였다. 다시 힘을 내서 걸어 올라가자 정글이 사라지고 잔디를 깎아 흙이 드러난 넓은 공터가 나타났다. 카스트로가 최고 지도자가 된 뒤 이곳을 방문할 때 쓴 헬기 착륙장이었다. 이제 반군 본부에 다 왔다는 이야기라 무척 반가웠다.


## 나무로 만든 혁명의 본부

지휘 본부는 그런대로 큰 단층 목조 건물이었다. 쿠바 혁명을 성공으로 이끈 역사의 현장이라 생각하니 가슴이 뛰었다. 대부분의 동지를 잃고 고작 15명이 이곳에 도착해 이 건물을 지으며 혁명의 의지를 불태운 혁명가들을 생각하니 그 돈키호테 같은 낙천성에 존경심이 우러나왔다. 본부에는 작전 수행을 위해 산악 지형을 축소해 만든 커다란 시에라마에스트라 산맥 지형도가 자리잡고 있었다. 카스트로가 썼을 낡은 타자기, 여성 전사들이 군복 제작에 쓴 낡은 재봉틀이 눈이 띄었다. 여성 전사 11명을 포함한 반군 250명이 이곳을 중심으로 게릴라

아프리카민족회의의 〈라디오 프리덤〉.

활동을 펼쳤다.

다시 걸음을 재촉했다. 오른쪽 언덕에 혁명군의 목소리 구실을 한 '라디오 반군' 방송국이 나타났다. 시에라마에스트라 산맥의 정글 속에 갇혀 있던 반군들이 쓴 최고의 무기는 라디오였다. 라디오 덕에 반군들은 쿠바 오지의 정글에서 전국을 무대로 선전전을 펴고 지지자들을 조직할 수 있었다.

국민당군을 피해 오지에서 오지로 1만 킬로미터 넘게 이동하는 장정을 감행한 마오쩌둥은 이 과정에서 공산당을 선전하고 혁명의 씨앗을 심을 수 있었다며 이렇게 회고했다.

"장정은 선전부대였고 파종기였다."

라디오 반군은 쿠바 혁명의 파종기였다. 혁명의 매체는 시대와 상황에 따라 다르다. 이란의 이슬람 혁명이 해외에 망명 중이던 아야톨라 호메니이가 한 설교를 카세트테이프로 만들어 보급해 일어난 '카세트 혁명'이라면, 이집트와 리비아 등의 실패한 혁명은 인터넷 시대에 걸맞는 '에스엔에스SNS 혁명'이었다. 혁명 매체라는 면에서 쿠바 혁명은 남아프리카공화국의 아파르트헤이트 체제에 저항한 넬슨 만델라와 아프리카민족회의ANC의 라디오 프리덤처럼 라디오를 통해 혁명을 선전하고 조직한 '라디오 혁명'이었다.

깊은 계곡 속으로 내려가자 작은 초가집이 나타났다. '피델의 집'이라는 팻말이 붙어 있었다. 카스트로가 지낸 숙소였다. 매우 소박해 베트남에서 본 호찌민의 검소한 숙소가 생각났다. 게릴라 시절인 만큼 아무리 대장이라고 해도 이 정도가 넘는 사치를 기대하기는 어려웠다. 혁명이 성공한 뒤 주석이 된 다음에도 무척이나 검소한 삶을 산 호찌민의 숙소에 견줄 필요까지는 없었다.

'피델의 집'에서는 커다란 침대가 인상 깊었다. 카스트로는 키가 191센티미터인데, 나도 190센티미터에 가깝게 큰 키라 한번 누워보고 싶었다. 출입하지 못하게 줄을 쳐놓아 겨우 참았다. 더 아래쪽에 병사들의 숙소와 식당 등 다른 시설들이 있었는데, 계단이 폭우로 떠내려가는 바람에 내려갈 수 없었다. 게바라의 야전 병원과 반군 본부, 카스트로의 숙소를 본 정도로 만족하고 아쉽지만 발길을 돌렸다.

피델의 집. 카스트로가 머문 숙소다.

반군 사령부. 타자기, 재봉틀, 시에라마에스트라 지형도가 전시돼 있다.

## 민물게 매운탕, 카스트로와 이현상

돌아오는 길은 염려한 대로 오르막길의 연속이었다. 아드리아노네에 들러 부탁해놓은 생수를 마실 수 있어서 다행이었다. 농가를 지나 다시 오르막길을 오르고 올라 출발점으로 온 뒤 사륜구동 차를 타고 숙소로 돌아왔다. 오늘은 이곳에서 쉬고 내일 8시간 넘게 이동을 한다고 해서 계곡물에 밀린 빨래도 하고 먹도 감았다. 물이 정말 깨끗해 작은 물고기들이 많았고, 게들도 눈에 띄었다. 함께 간 이영근 사장의 끈기 있는 노력 덕에 큰 게를 두 마리 잡았다.

한국에서 가져간 고추장을 풀어 민물게 매운탕을 끓여서 폭탄주를 마셨다. 맥주는 시원하지만 탁 쏘는 뭔가가 빠진 듯하고 양주는 시원한 맛이 부족하다면, 폭탄주는 맥주의 시원한 맛에 양주의 탁 쏘는 맛도 함께 맛볼 수 있어 아주 좋아한다. 이를테면 정반합의 변증법이다. 머리로 이해하던 변증법의 참뜻을 폭탄주를 마시며 깨달았다.

'소폭'보다는 미국 유학 시절 노동운동가들에게 배운 '양폭'을 더 좋아한다. 군사 문화의 잔재라는 통념하고 다르게 폭탄주는 미국 노동자들이 싼값에 술에 취하려고 만든 노동자 문화다. 소폭은 소주의 단맛이 나고 두 가지 술을 미리 섞는 방식이라 제대로 된 폭탄주를 즐길 수 없다. 양폭처럼 잔에 양주를 따른 뒤 그 잔을 맥주가 담긴 맥주잔에 넣어 술을 마시면서 입속에서 두 술이 섞이게 해야 한다(그래서 소주잔에 따른 소주를 맥주가 담긴 맥주잔에 넣어 마시는 소폭이

빨래하고 피로도 풀 겸 계곡에 풍덩(위). 계곡에서 잡은 게로 끓인 매운탕(아래).

훨씬 맛이 좋다).

폭탄주에 알딸딸하게 취해 60년 전 카스트로와 게바라가 목욕을 하며 혁명의 열기를 식히던 계곡에 누워 시에라마에스트라 산맥의 정글을 바라봤다. 지리산 계곡에서 멱을 감고 있는 듯한 착각이 들면서 여러 상념이 교차했다. 막강한 정규군이 무기도 제대로 갖추지 못한 반군 250명에 패배했으니 쿠바 혁명은 바티스타 정부의 무능함 때문에 성공한 걸까? 그렇지는 않다. 반군은 주요 도시에 지지 세력을 두고 파업 등 지속적인 교란 작업을 벌여 바티스타 정권을 괴롭혔다.

좌우가 대립한 1945~1953년 해방 정국에서 이현상이 이끈 남부군은 지리산에서 고립돼 '토벌'됐다. 한국의 빨치산에 견줄 때 쿠바 혁명을 가능하게 한 중요한 요인은 정글로 가득한 쿠바의 지리적 조건이 아니었을까? 쿠바 같은 열대 밀림도, 중국처럼 마오쩌둥이 장제스가 이끄는 국민당군을 피해 1만 킬로미터에 이르는 대장정을 감행할 만한 거대한 영토도, 베트남처럼 정글로 이어진 인근 국가들도 갖지 못한 남부군은 지리적 조건상 실패할 수밖에 없지 않았을까?

해방 정국의 빨치산은 두 부류였다. 먼저 '구빨치'다. 1948년 남한 단독 정부 수립에 반대해서 일어난 제주 4·3항쟁을 진압하러 출동하라는 명령에 반대한 국군 내부의 남로당 관계자들이 여수와 순천에서 반란을 일으킨 뒤 지리산으로 도주해 빨치산이 됐다. 구빨치들은 1949년 겨울에 실시된 동계 토벌 작전 때 거의 전멸하고 만다. 반면 '신빨치'는 한국전쟁 뒤 남하한 북한군, 북한 점령에 동조한 좌파 세력이 인천 상륙 작전 뒤에 북으로 올라가지 못하게 되면서 지리산 등으로 들어간 사람들이다.

폭탄주를 마시고 잠자리에 든 그날 밤, 긴 꿈을 꿨다. 1949년 겨울의 토벌 작전과 한국전쟁 막바지인 1952년 겨울에 지리산 골짜기에서 추위 속에 죽어간 젊은 빨치산들의 고통스러운 얼굴이 계속 떠올랐다. 그 얼굴들 속에는 카스트로와 게바라도 끼어 있었다.

# 4장

## 쿠바의 할리우드를 걷다

영화의 도시 카마구에이

*Camagüey*

역사에는 의도하지 않은 결과가 많다. 이를테면 전두환이 한국의 진보 운동에 끼친 영향이다. 한국전쟁이 끝난 뒤 한국은 진보의 불모지로 변모했다. 많은 좌파 혁명가와 지식인들이 평생을 걸고 진보의 부활을 위해 노력했지만 모두 실패했다. 1980년 광주 학살 이후에야 반미 운동을 비롯한 진보 운동은 거세게 부활했다. 진보 운동가들이 모두 실패한 역사적 과제를 전두환은 광주 학살을 통해 단칼에 해결했다.

## 쿠바는 다르다

평양을 가보지는 못했지만 한국전쟁이 평양에 의도하지 않게 기여한 점이 있다. 바로 '근대적 계획도시 평양'이다. 미국이 쏟아부은 무차별 폭격 때문에 건물이 대부분 부서져 어쩔 수 없이 계획도시를 만들었다. 비슷한 논리지만 정반대 사례가 쿠바다. 포르투갈 식민지이던 브라질을 빼면 남미와 중미가 모두 스페인 식민지였다. 대부분의 도시는 독립한 뒤 자본주의 개발 논리에 따라 크게 훼손됐다.

쿠바는 다르다. 1950년대 말 사회주의 혁명을 거친 뒤 가난하게 살아온 덕에 쿠바의 도시들은 대부분 자본주의 개발을 피할 수 있었다. 1800년대 스페인풍 건물들이 거의 그대로 남아 있다.

2000년 아바나에서 카리브 해 부근의 낡은 건물을 보수하는 사람을 만난 적이 있었다. 경제 제재 때문에 어려울 텐데 어떻게 된 일일까 궁금했는데, 스페인 정부가 식민지 시대에 만들어진 문화 유적을 보존하는 데 들어가는 재정을 지원하고 있었다. 스페인 식민 시대의 유적이 가장 잘 보존된 곳이 바로 1988년 유네스코가 세계 문화유산으로 지정하고 권위 있는 여행 안내서 《론리 플래닛》이 세계 최고의 여행지로 선정한 트리니다드다.

## 혁명 뒤의 가난이라는 미로

시에라마에스트라 산맥을 떠나 '체의 도시'인 산타클라라의 남쪽에 자리한 트리니다드로 향했다. '영화의 도시' 카마구에이를 거쳐가는 10시간가량의 긴 여정이었다. 카마구에이를 가려고 산을 내려오자니 산언덕에 집들이 드문드문 보였다. 산에 사는 사람들에게는 모든 물건값을 싸게 해준다. 맞춤형 복지인 셈이다.

　카마구에이로 가는 길은 가난과 낙후성의 연속이었다. 도로에는 경운기에 큰 트레일러를 달아 사탕수수를 싣고 가는 노동자들의 모습이 보였는데, 유독 우마차들이 많이 눈에 띄었다. 특히 화장실에 가느라 들른 휴게소에서 차를 마시며 바라보니 멀리 교차로 위에 커다란 체 게바라 포스터가 걸려 있었다. 젊고 활기찬 게바라의 얼굴 앞으로 우마차부터 낡은 자전거에 이르는 낡은 교통수단들이 지나갔다. 목숨을 바쳐 성공시킨 혁명이 일어나고 60년이 지난 뒤에도 아직 가

카마구에이로 가는 길. 가난과 낙후성의 연속이었다.

어디로 가야 할까? 교차로에 걸려 있는 게바라.

난을 벗어나지 못하고 있는 제2의 조국을 바라보면서 게바라는 무슨 생각을 할까?

아바나나 산티아고데쿠바처럼 쿠바의 대도시는 대부분 바닷가에 자리잡고 있지만, 쿠바에서 셋째로 큰 도시인 카마구에이는 내륙에 자리한 교통의 요지다. 또한 쿠바에서 아홉 번째로 유네스코 세계문화유산에 지정된 곳으로, 다른 도시들하고 다르게 유독 백인이 많이 산다. 신앙심이 두터운 사람이 많고 성당이 9곳이나 있어 '성당의 도시'로 불리기도 한다. 1998년에 쿠바를 방문한 교황 요한 바오로 2세가 이곳에 들르기도 했다.

도시는 처음에 목축업으로 부를 쌓았다. 원주민과 해적의 공격을 유독 많이 받아서 여러 차례 도시를 옮겼고, 결국 외부 위협에 맞서 도시를 방어하느라 도로를 미로처럼 만들어야 했다. 도심에 들어가니 미로의 도시답게 길이 좁고 거미줄처럼 얽혀 있었다.

## 내륙에 자리한 영화의 도시

차에서 내려 걷자 내륙 도시답게 숨이 턱턱 막혔다. 카마구에이는 쿠바에서 예술이 가장 발달한 '예술 도시'이기도 하다. 특히 중남미 영화 페스티벌과 국제영화제가 열리는 '영화 도시'다. 곳곳에 영화관이 보이고 영화배우들 사진이 걸린 중심가에 들어서니 마치 1920년대 할

리우드를 걷는 기분이었다. 어
느 영화관은 험프리 보가트와
잉리드 베리만(잉그리드 버그
만)이 주연한 고전 〈카사블랑
카〉(1942)를 상영하고 있었다.

늦은 점심을 먹으려고 카
마구에이에서 가장 좋아 보이
는 호텔에 들어갔다. 쿠바에
서 인터넷을 하려면 먼저 유료
카드를 산 뒤 와이파이가 되
는 호텔 로비 같은 곳에 가 거
기에 표시된 비밀번호를 넣어
야 한다. 아바나를 떠난 뒤 유
료 카드를 살 수 없어서 인터

20세기 할리우드 배우들 사진을 내건 쿠바식 복합 상영관.

넷을 못하던 중이라 아주 반가웠다. 반가움은 곧 실망으로 바뀌었다.
유료 카드가 다 팔리고 없었다. 아바나에서 미리 유료 카드를 충분히
사두라고 이야기해주지 않은 가이드에게 서운했다. 다른 한편으로는
가이드 덕에 인터넷 중독에서 잠깐이라도 벗어날 수 있게 됐으니 다
행이라는 생각도 들었다.

밥을 먹은 뒤 호텔 옥상에 올라갔다. 도시 전체를 내려다볼 수 있
는 곳이었다. 기가 막힌 풍광이 눈앞에 펼쳐졌다. 성당의 도시답게 어

호텔 옥상에서 내려다본 카마구에이.

느 쪽을 봐도 멋진 성당이 눈에 띄었다. 멀리 옥상에 작은 돔을 세운 아름다운 푸른색 건물과 그 옆 건물 지붕에 설치한 체 게바라의 사진이 보였다. 지상으로 내려와 돌아다니며 살펴보니 건물 위와 벽 등 곳곳에 게바라의 사진과 네온사인 등이 많았다. 카메라만 들이대면 예술 사진이 나올 듯했다. 사진 찍기에 아주 좋은, 영화와 예술의 도시다웠다. 도시를 샅샅이 훑고 싶었지만, 트리니다드까지 긴 여정이 남아 있는 탓에 떨어지지 않는 발걸음을 옮겨야 했다. 다시 트리니다드를 향한 긴 버스 여행에 들어갔다. 서두르고 서둘렀지만, 저녁 늦은 시간이 돼서야 사탕수수의 도시 트리니다드에 도착했다.

영화의 도시 카마구에이 곳곳에서 볼 수 있는 게바라들.

## 돈 흔드는 사람들

쿠바를 여행하면서, 특히 지방을 다니면서 가장 많이 느끼게 되는 감정은 두 가지다. 하나는 가난과 낙후성이고, 다른 하나는 그런 상황에서도 느껴지는 사람들의 낙천성이다. 낙후성에 관련해서 가장 눈에 띄는 모습은 낡은 버스부터 우마차에 이르기까지 '이게 가기나 할까' 하는 의심이 들 정도로 뒤떨어진 교통수단이다. 이런 교통수단들을 보고 있으면 쿠바는 한국의 1950년대보다 더 뒤떨어졌다는 생각을 하게 된다. 한국에서 우마차가 사라진 때가 언제일까?

낡은 교통수단도 문제지만, 더욱 눈에 띄는 모습은 대중교통을 기다리는 사람들이 만든 긴 줄이다. 그만큼 대중교통이 발달하지 못했다는 이야기다. 18년 전에도 마찬가지였다. 석유가 나지 않는 쿠바는 그동안 헐값으로 석유를 제공하던 소련이 몰락한 뒤 원조가 끊겨 교통대란을 겪어야 했다. 18년 전 아바나에서 기차처럼 버스 두 대를 연결한 초대형 버스를 보고 놀랐다. 세계 어디에도 없을 이 버스는 연료 부족을 극복하려는 아이디어였다. 교통 사정이 어려운 만큼 쿠바 사람들은 지나가는 차를 보면 여러 저개발국에서 볼 수 있듯이 손을 흔들며 차를 태워달라고 부탁했다.

이번 여행에서 새롭게 발견한 모습도 있었다. 산티아고데쿠바를 떠나 바야모로 오면서 처음 보고 카마구에이를 거쳐 트리니다드까지 열

시간 동안 차를 타고 오면서 자주 목격한 광경이었다. 바로 돈을 흔드는 사람들이었다. 돈을 꺼내 들고 길에 서 있다가 차가 지나가면 차도 쪽으로 몸을 내밀어 돈을 흔들었다.

많은 나라를 여행했지만 어디에서도 못 본 특이한 광경이었다. 대강 짐작은 가지만, 확실히 알고 싶어 가이드에게 물었다. 돈을 흔들고 있으면 지나가던 운전자가 차를 세운 뒤 방향을 확인하고 가격도 흥정해서 태워준다고 한다. 쿠바의 안 좋은 교통 사정을 잘 보여주는 모습이라서 안타깝기도 하지만, '쿠바판 우버'라고 할 수 있을 만큼 기발한 아이디어다. 일종의 '유료 히치하이킹'이자, '원시적 카셰어링' 또는 '원시적 공유 경제'라고 하겠다.

5장

# 설탕은 짜다

사탕수수의 도시 트리니다드와 로스잉헤니오스 계곡

*Trinidad*

악어 모양으로 길게 누운 쿠바의 거의 한가운데 남쪽 해안에 위치한 트리니다드. 무척이나 아름답지만 쿠바의 슬픈 역사를 잘 보여주는 도시다. 트리니다드는 1514년 스페인이 식민 초기에 도시로 개발한 정착지였다. 정복자 에르난 코르테스가 멕시코 정벌을 준비한 곳이기도 했다. 그 뒤에는 거의 버려지다시피 해서 카리브 해를 무대로 활동하는 해적의 본거지로 전락했다.

## 노예들이 가꾼 녹색의 정원

버려진 땅 트리니다드는 아이티의 노예 혁명을 계기로 다시 주목받는다. 1791년 프랑스 식민지 아이티에서는 노예들이 혁명을 일으켜 노예제를 폐지하고 아프리카계 민중이 스스로 다스리는 최초의 공화국을 세웠다. 이 혁명으로 노예와 농지를 잃은 프랑스인들이 트리니다드와 인근 지역에 정착했다. 프랑스인들은 나중에 설탕 제분소 계곡으로 불리게 된 로스잉헤니오스 계곡<sup>Valle de los Ingenios</sup>에 사탕수수 농장을 만들어 운영했고, 트리니다드에서 80킬로미터 떨어진 시엔푸에고스<sup>Cienfuegos</sup>를 '쿠바의 파리'로 발전시켰다.

트리니다드는 쿠바에서 생산하는 설탕의 3분의 1을 떠맡아 쿠바 하면 떠오르는 '사탕수수의 도시'로 발전했다. 이제는 생필품이 된 설탕은 1세기 무렵 인도와 동남아시아에서 처음 발견됐다. 설탕은 십자

군 전쟁을 통해 '달콤한 소금'이라는 이름으로 유럽에 도입됐다. 베네치아는 도시 근처에 사탕수수 농장을 만들어 유럽에 많은 설탕을 공급했는데, 18세기까지는 왕족과 귀족을 비롯해 부유층만 먹을 수 있는 사치품이었다.

사탕수수는 우연한 계기로 아메리카에 들어왔다. 1492년 인도를 찾아 긴 항해를 나선 콜럼버스는 물과 포도주를 구하러 북서 아프리카의 스페인령 카나리아 섬에 상륙했다. 그러다가 그곳 여성 총독하고 로맨틱한 관계에 빠져 한 달을 머물렀다. 여성 총독은 다시 항해를 떠나는 콜럼버스에게 사탕수수 줄기를 이별 선물로 줬고, 쿠바에 도착한 콜럼버스는 신대륙에 사탕수수를 심었다. 콜럼버스의 예상하지 못한 로맨스 덕에 '사탕수수의 나라 쿠바'가 탄생했다.

다음날 트리니다드의 밥줄인 로스잉헤니오스 계곡으로 차를 몰았다. 주차장에 차를 대고 계단을 한참 올라가자 끝없이 펼쳐진 드넓은 녹색 계곡이 나타났다. 계곡이라고 하기에는 너무 커서 산으로 둘러싸인 거대한 분지라고 부르는 쪽이 더 알맞을 듯했다. 끝없이 이어진 녹색의 파노라마 속 여기저기에 사탕수수 농장이 보였다.

사물을 제대로 보려면 적당한 거리가 필요하다. 아무리 빼어난 미인도 먼 곳에서 보면 한낱 점이고, 너무 가까운 곳에서는 털구멍만 보인다. 적당한 거리를 넘어 멀리 바라보니, 머나먼 아프리카에서 잡혀온 노예들이 무더위와 채찍질에 피눈물을 흘리며 일군 사탕수수 농장치고는 아름다웠다. 천국에서나 만날 수 있는 '녹색의 정원'이었다.

사탕수수 가득한 녹색의 정원 로스잉헤니오스 계곡.

## 커피는 검고 설탕은 짜고

계단을 내려와 계곡으로 들어갔다. 쿠바를 대표하는 사탕수수 농장에 가는 길이었다. 마을로 접어들자 직접 수를 놓아 만든 기념품을 팔려는 아프리카계 노예의 후손들이 줄을 이었다.

조금 더 가자 높은 탑이 나타났다. 평지에 홀로 우뚝 솟아오른 44미터짜리 탑은 일하는 노예들을 감독하고 도주를 막는 감시탑이었다. 그 옆에 아주 커다란 종이 보였다. 노예들에게 작업 시작 시간과 종료 시간을 알려준 종이었다. 이제 이곳에 끌려와 강제 노동에 시달리던 노예들은 저세상으로 사라졌다. 감시탑과 종만 세월을 살아남아 피눈물로 점철된 쿠바의 역사를 증언하고 있었다.

브라질에 가서 리우를 상징하는 예수상이 서 있는 코르코바 언덕에 관해 들은 이야기가 떠올랐다. 코르코바 언덕은 아프리카에서 잡아온 노예들을 채찍으로 때려가며 일군 커피 농장이 있던 곳이다. 어마어마하게 많은 커피나무를 기르다가 토질이 나빠지자 노예들을 동원해 일일이 나무를 심어 만든 인공 공원이었다. 노예들의 피눈물 위에 세워진 예수상이라니! 이 이야기를 듣고 코르코바 언덕에 올랐다. 커피나무를 심은 검은 피부 노예들이 흘린 피눈물이 응고돼 커피는 검붉은 색을 띠고 있었다.

설탕이 하얀 알갱이로 된 이유는 무엇일까? 사탕수수 농장에서 채찍을 맞으며 일한 노예들이 흘린 땀 속의 수분은 더운 날씨에 증발

강제 노동과 착취의 역사를 증언하는 44미터짜리 감시탑과 종.

하고 소금 성분만 남아 굳은 탓일까? 설탕의 단맛 뒤에는 노예들의
땀이 응고된 짠맛이 숨겨져 있을까?


## 사탕수수의 도시에서 관광의 도시로

그 뒤로 긴 단층 건물이 나타났다. 노예 무역으로 돈을 벌어 쿠바 최
고의 갑부가 된 페드로 이즈나가Pedro Iznaga가 18세기 말에 건설한 저택

인 마나카 이즈나가<sup>Manaca Iznaga</sup>
다. 건물로 들어가자 사탕수
수 농장에서 일하는 노예, 일
하다가 갈증을 달래려고 사탕
수수 줄기를 베어 먹는 노예,
자기들을 감시할 감시탑을 짓
는 노예를 사실적으로 그린
그림들이 전시돼 있었다. 건물
뒤로 돌아가자 커다란 연자방
아가 보였다. 사탕수수 줄기
를 넣고 돌려서 즙을 내는 압
즙기가 보였다.

　아바나의 쿠바 박물관에
는 노예선 그림이 한 점 걸려 있다. 위에서 내려다본 노예선 안에는 많
은 노예들이 작은 점으로 표시돼 있다. 역사적 기록에 근거한 그림이
다. 긴 항해 도중 병이 난 노예들은 그대로 바다로 던졌다고 한다. 아
프리카에서 잡아온 노예들의 피와 땀, 뼈와 살로 큰돈을 벌어 이 화려
한 별장의 벽과 지붕, 방을 만든 이즈나가는 어떤 인간일까?

　〈어메이징 그레이스<sup>Amazing Grace</sup>〉라는 찬송가가 있다. '한때 나는 길
을 잃었지만/ 지금은 길을 찾았다네/ 나는 한때 눈이 멀었지만/ 이제
는 볼 수 있다네'로 시작하는 아름다운 이 노래는 노예 상인 존 뉴턴

사탕수수 농장에서 일하는 노예들을 그린 그림들.

John Newton이 지었다. 노예를 싣고 가다가 엄청난 폭풍우를 만나 생사를 넘나든 뉴턴은 신에게 기도를 하며 용서를 빌었고, 이 일을 계기로 과거를 회개하고 목사가 됐다. 뉴턴은 노예를 사고판 부끄러운 과거를 회개하지만 이즈나가는 그렇지 않았다.

이제 반인류적인 노예제는 사라졌다. 그러나 경제적 탐욕이 불러온 비극의 역사는 아직 끝나지 않았다. 이윤이 유일한 목표이고 인간을 이 목표를 달성하는 수단으로 생각하는 자본주의와 시장의 폭력은 계속되고 있다. 카를 마르크스는 자본주의가 발달하기 시작한 19

세기 말 영국 노동자들의 상황을 바라보며 《자본Das Kapital》을 썼다. 마르크스는 영국 정부의 노동 조사관들이 쓴 보고서를 인용해 영국 노동자들을 '미국 남부 노예들보다도 더 비참하고 완만한 학살'을 당하는 '하얀 피부색의 노예'라고 비판했다. 1997년 경제 위기하고 함께 신자유주의가 전면화된 한국에서 젊은이들이 왜 '엔포 세대'가 됐겠는가? 선진국에 수탈당하는 제3세계 자본주의의 상황은 더 심했고, 그런 현실이 쿠바 혁명을 불러왔다.

농장을 나와 철도 건널목 근처에 앉았다. 일인용 소형 수제 열차를 만들어 철로를 이용해 손님을 실어나르는 사영 열차부터 낡은 우마차까지, 가난하지만 정감 넘치는 쿠바의 농촌이 눈앞을 지나갔다.

여기서 그리 멀지 않은 트리니다드는 이제 사탕수수의 도시가 아니라 관광의 도시였다. 소련과 동구가 몰락한 뒤 쿠바가 사탕수수의 나라에서 관광의 나라로 바뀐 상황을 염두에 두면, 트리니다드는 이런 변화를 상징하는 곳이라고 하겠다.

형 피델 카스트로에 이어 국가평의회 의장을 지낸 라울 카스트로는 트리니다드의 이런 변신을 쿠바의 관광 산업이 거둔 성공을 보여주는 대표 사례로 든 적이 있다. 트리니다드는 인구 5만 명인 작은 도시지만 해마다 50만 명이 넘는 관광객이 찾아온다고 한다. 국영 호텔 900실에 민간 숙박 시설 800실이 넘게 있고, 개인 식당이 100여 개 영업 중이다.

쿠바 곳곳에서 볼 수 있는 일인용 수제 열차(위)와 앤틱 카(아래).

## 미국의 야구보다 세계의 축구를

18년 전에 가본 쿠바는 관광 활성화를 노리고 개인 식당을 허용했지만 식당마다 탁자를 세 개만 허용했다. 지금은 규제가 풀려 꽤 큰 개인 식당이 곳곳에 눈에 띄었고, 영어로 '방 빌려줌'이라고 쓴 팻말을 쉽게 찾을 수 있었다.

거리에는 1950년대 미국 자동차를 단장한 택시와 선물 가게들이 넘쳐났다. 선물 가게도 밀짚모자만 파는 가게, 1950년대 미국 자동차 그림만 파는 가게, 게바라부터 달라이 라마에 이르는 인물화만 파는 가게 등 전문화돼 있었다. 레스토랑에는 현직에서 은퇴한 듯한 늙은 장인이 제조 과정을 직접 보여주며 시가를 파는 모습도 눈에 띄었다. 관광의 도시다웠다.

냉장 시설이 부족한 탓인지 더운 날씨에도 정육점은 그날 잡은 싱싱한 고기를 밖에 걸어놓고 팔았다. 무더위 속에서도 아이들은 쿠바의 국민 스포츠인 야구를 즐기고 있었다. 야구 선수가 돼 미국에 가서 일확천금을 버는 미래를 꿈꾸고 있었을까? 아바나 대학교 시절 야구팀에서 투수로 활약한 카스트로는 야구라는 운동을 매우 좋아했다(카스트로가 미국 메이저 리그에 스카우트될 뻔했고, 만일 정말 스카우트가 됐으면 쿠바 혁명은 일어나지 않았을 수도 있다는 이야기도 떠돌지만, 사실이 아니다).

요즘 쿠바 젊은이들은 야구보다는 축구를 좋아한다. 야구는 기

그날 잡은 고기만 파는 정육점. 냉장 시설이 모자란 탓이다.

본적으로 '미국의 스포츠'고 축구는 '세계의 스포츠'이니, 이런 변화도 쿠바가 미국의 영향에서 벗어나는 탈아메리카의 증후일까?

앞에서 지적한 대로 쿠바는 스페인 식민지 중 가난한 사회주의의 길을 걸어온 만큼 재개발이 제대로 되지 않아서 어디를 가든 오래된 스페인 건축물 박물관 같다. 트리니다드에서는 정말 아름다운 스페인 옛 건물들을 많이 볼 수 있다. 게다가 다른 많은 스페인 도시들하고 다르게 화려하고 웅장한 데 그치지 않고 사람들이 살아가는 작은 건물들이 이어져 있어 더욱 의미가 깊었다. 건축학자는 아니지만 며칠 시간을 두고 찬찬히 돌아보고 싶었다.

아름다운 창문들이 눈길을 사로잡았다. 엄청난 공을 들인 기하학적 문양의 창틀은 예술 그 자체다. 그래서 일부러 한참을 창만 보고 다녔다. 엄청난 공이 들어가는 이런 창문들은 요즘하고 다르게 건축비 개념이 뚜렷하지 않고 무한 노동과 무한 착취를 할 수 있던 노예제 덕에 만들 수 있지 않았을까? 아름다운 창틀들이 그저 아름답게 보이지만은 않았다.

## 악마의 금전과 구걸하는 인민

문 앞에 앉아 있는 아프리카계 아줌마의 모습이 보기 좋아 사진 좀 찍자고 했다. 먼저 돈을 내라는 말이 돌아왔다. 관광 도시이기 때문인지 보통 사람들도 돈에 물들어 있는 듯했다. 외국인들이 가득찬 어느 고급 레스토랑 앞에는 시각 장애인 할아버지가 모자를 든 채 구걸을 하고 있었다. 사회주의를 내걸고 있기는 하지만 시장경제가 본격 도입된 중국에서 거지나 노숙자를 보는 일은 어렵지 않다. 이날 쿠바에서 처음이자 마지막으로 거지를 봤다. 의료, 교육, 주거 등 삶의 기본 조건을 국가가 해결하는 쿠바에서 거지를 본 경험은 충격이었다. 이런 모습도 최근 빠르게 진행되는 시장경제 도입이 가져온 결과일까?

저녁은 좋은 곳에서 먹자는 제안이 나왔다. 낮에 시내에서 본 별 5개짜리 고급 호텔을 가자는 말이었다. 쿠바 관광 산업이 어디까지

트리니다드에서 본 다양한 창틀.

쿠바는 중국의 길을 따를까. 사회주의 쿠바의 거리에서 본 걸인.

발전했을까 궁금해 나도 따라 나섰다. 현지 물가치고는 비싼 1인당 20달러(2만 원)를 냈는데, 쿠바가 자랑하는 관광지의 최고급 호텔답게 음식은 세계 어디에 내놓아도 결코 뒤지지 않을 수준이었다. 어디에 가서 별 5개 호텔에서 이 정도 수준의 음식을 20달러에 먹을 수 있겠는가? 다들 감탄하며 음식을 먹으면서도 낮에 본 시각 장애인의 얼굴이 자꾸만 떠올랐다.

## 사탕수수의 정치경제학

쿠바 하면 사탕수수가 떠오른다. 혁명 뒤에도 크게 달라지지 않았다. 혁명 뒤 경제 특사로 소련을 방문한 게바라는 연간 100만 톤 생산 능력을 갖춘 제련소를 건설할 수 있게 도와달라고 부탁했다. 소련은 그런 공장은 아름다운 쿠바의 자연을 해칠 뿐이라면서 거절했다. 대신 그전까지 미국에 수출하다가 이제는 경제 제재 때문에 남아돌아가는 사탕수수 200만 톤을 해결해줬다. 소련은 사탕수수 생산량을 줄여 연간 120만 톤을 사줬고, 나머지도 동구권과 중국이 사게 도왔다. 혁명 뒤에도 사탕수수에 의존하는 쿠바의 단일 경작 경제는 크게 바뀌지 않았다.

소련과 동구가 붕괴하면서 이런 상황은 크게 바뀌었다. 소련은 더는 쿠바의 사탕수수를 수입하지 않았고, 미국의 경제 제재는 여전히 진행 중이었다. 자본주의 경제 체제가 지배하는 국제 시장에서 생산성이 뒤떨어지는 쿠바의 사탕수수는 경쟁력이 없었다. 라울 카스트로가 한 보고에 따르면 쿠바의 사탕수수 생산성은 하와이의 7분의 1에 그쳤다. 사탕수수에 크게 의존하는 쿠바 경제는 엄청난 고통을 겪어야 했고, 소련 붕괴 전에 160개에 이르던 사탕수수 농장은 60개만 남았다.

지난날 사탕수수는 쿠바 제일의 수출품이었지만, 이제는 아니다. 현재 쿠바의 가장 중요한 소득원은 관광이다. 혁명 전에 도박, 성매매, 돈세탁에 직결된 관광 산업은 마피아의 돈줄이었고, 카스트로 등 혁명 세력은 관광 산업에 매우 부정적이었다. 소련과 동구가 몰락한 뒤에는 경제 위

아바나에 있는 국영 선물 상점.

사탕수수를 넘어서는 쿠바 경제의 먹거리는 무엇일까. 거리의 시가 장인.

기 속에서 다른 선택지가 없는 쿠바 정부는 관광 시장을 개방했고, 이제 관광은 쿠바의 밥줄로 성장했다. 버락 오바마 대통령이 쿠바 여행 제한이 완화되고 미국과 쿠바의 국교가 정상화되면서 관광객이 2017년 현재 연 470만 명으로 크게 늘어나는 등 관광 수입이 급증했다.

시가도 쿠바의 특산물이다. 비싼 제품부터 이야기해서 카스트로가 즐겨 피운 오메가, 게바라가 좋아한 몬테크리스토, 로미오와 줄리엣 등 다양한 등급이 있는 시가는 쿠바 경제의 중요 소득원이다. 국영 여행사가 독점하는 쿠바 단체 여행을 가면 아바나의 국영 선물 가게를 들르게 되는데, 사람들이 가장 많이 사는 물건이 바로 시가다. 커피도 빼놓을 수 없다. 쿠바 커피는 에스프레소처럼 진하게 마셔야 한다. 또한 사탕수수에서 추출한 물질로, 콜레스테롤 등 고지혈증에 특효로 알려진 폴리코사놀도 주요 소득원으로 떠오르고 있다.

관광, 시가, 커피, 폴리코사놀에 이어 사탕수수는 쿠바의 다섯째 소득원으로 중요성이 떨어졌지만, 아직 사탕수수 산업을 포기하지는 않았다. 얼마 전에는 세계 최대 사탕수수 생산국인 브라질 회사하고 합작 투자를 성사시켰다. 사탕수수 농장을 현대화하고 헥타르당 30톤 정도인 생산성을 65톤으로 끌어올릴 계획이다.

# 6장

# 잘 자시오, 체 게바라

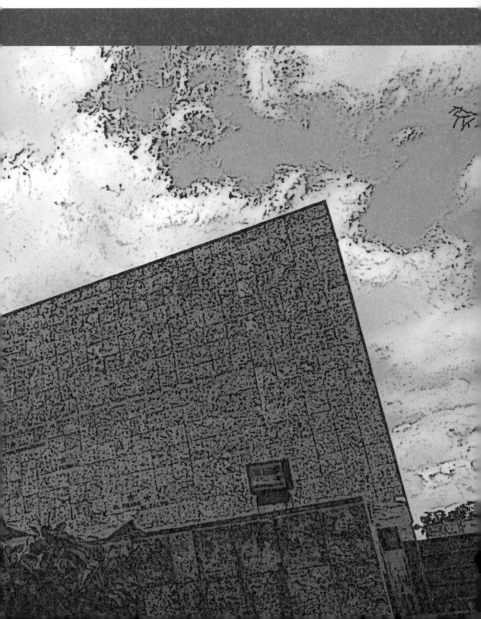

체의 도시 산타클라라

*Santa Clara*

"만일 당신이 어떤 종류건 불의를 보고 분노로 몸을 떤다면, 당신은 내 동지입니다."

"우리 모두, 현실주의자가 됩시다. 우리 모두, 불가능한 것을 꿈꿉시다." "죽음이 언제 갑자기 찾아온다고 하더라도, 우리의 전투 소리가 단 한 명의 동조자의 귀에 다다를 수 있다면, 새로운 투쟁의 고함소리 속에서 단 하나의 손이라도 우리의 무기를 들고 우리의 기관총 소리 장송곡에 합류할 수 있다면, 우리는 그 죽음을 기꺼이 받아들일 겁니다."

"나는 해방자가 아닙니다. 해방자는 존재하지 않습니다. 민중이 스스로 해방하는 겁니다."

"바보처럼 들릴지 모르지만, 진정한 혁명가는 거대한 사랑의 힘에 이끌려가는 존재입니다."

## 엄친아, 혁명가로 살기로 결심하다

'20세기의 가장 완벽한 인간.' 실존주의 철학자 장 폴 사르트르가 쓴 이 문장은 체 게바라의 휴머니즘을 응축하고 있다. 게바라는 카스트로보다 2년 뒤인 1928년 아르헨티나의 중산층 가정에서 태어났다. 스

os, Mar del Plata.

*Mar del Plata, Buenos*

En el colegio Deán Funes, donde Ernesto hizo su bachillerato. En la primera fila de los sentados, el segundo de izquierda a derecha.

*At the Deán Funes school. Sitting in the first row, second from left to right.*

En 1950, emprende viaje por el interior de Argentina, recorriendo doce provincias para totalizar así un trayecto de más de 4.500 km.

*In 1950 he travelled through twelve provinces in Argentina, his route was over 4.500 km.*

Durante los entrenamient distinguió por ser un exceler magnífica resistencia física y mando.

*During training in Mexico he w excellent shooter, for his magnifice and his leading capabilities.*

inguió como mando con fendida por ados.

*led as a true en a city that f soldiers.*

El 3 de enero de 1959, el Che estableció su comandancia en la vieja fortaleza de La Cabaña, uno de los símbolos de la dominación colonial y baluarte de las fuerzas armadas de la dictadura batistiana.

*On January 3rd 1959 Che established his headquarters at the old La Cabaña fortress, one of the symbols of the past colonial dominion and bulwark of the armed forces during Batista's dictatorship.*

En el entierro de las víctimas de la explosión de La Coubre. 1960.

*During the funeral of the victims of the explosion of vessel La Coubre in 1960.*

"El ejercicio del internacionalism no sólo un deber de los pueblos q asegurar un futuro mejor; ade necesidad insoslayable."

*"The practice of proletarian internation a duty of the people that struggle for a bet is also an unavoiddable need."*

페인 내전 때 공화파를 강력히 지지한 아버지의 영향을 받아 아주 어릴 때부터 진보적 생각을 가졌다. 집에 3000권이 넘는 책이 있어서 일찍부터 많은 문학가부터 카를 마르크스, 부처, 프리드리히 니체, 지그문트 프로이트에 이르는 폭넓은 독서를 했다. 그 덕에 문학에 눈을 떠서 글쓰기에 탁월했고, 게릴라 시절에도 평생 일기를 썼다. 또한 심한 천식에 시달리면서도 수영, 축구, 골프, 사이클, 럭비 등에 뛰어난 만능 운동선수였다.

한국에서도 개봉한 영화 〈모터사이클 다이어리〉(2004)에 잘 나와 있듯이, 게바라는 의대에 다니던 시절에 오토바이 '포데로사'를 타고 남미를 여행했다. 이 여행에서 칠레의 광부나 페루의 농민 등 민중의 비참한 삶을 보고 분노한 게바라는 혁명가가 되기로 결심했다.

'개별 나라를 넘어서 라틴아메리카는 하나'라고 생각하게 된 게바라는 민중이 단결해 자기들을 가난으로 몰아넣은 식민주의에 맞서 싸워야 한다고 생각했다. 1953년 의대를 졸업한 게바라는 다시 한 번 남미를 여행하며 혁명 운동을 모색했고, 과테말라에 진보적 정권이 들어서 농지 개혁 등을 실시하고 있다는 소식을 듣고 그곳으로 향했다. 아카데미상을 받은 스티븐 소더버그Steven Soderbergh 감독은 이때 게바라가 쓴 《남미 일기》와 쿠바 혁명에 성공한 뒤 다시 게릴라 운동을 펼친 볼리비아에서 쓴 《볼리비아 일기》를 바탕으로 2008년에 2부작 영화 〈체Che〉를 만들었다.

체 게바라하고 함께 콩고로 날아간 쿠바 자원병들.

## 혁명가로 살다 혁명가로 죽다

과테말라에 간 게바라는 멕시코 망명자들을 만났다. 한국 사람이 말과 말을 이을 때 '에'라는 감탄사를 많이 쓰듯이 게바라는 많은 아르헨티나 사람들처럼 말과 말 사이에 '체'라는 단어를 많이 썼는데, 그런 말버릇 때문에 진짜 이름인 에르네스토보다 더 유명한 '체'라는 별명을 얻게 됐다. 이런 아르헨티나식 말버릇이 없었으면 체 게바라는 '체'라는 세계적인 애칭을 얻지 못할 뻔했다. 그때 농지 개혁으로 땅을 잃게 된 미국 기업 유나이티드 프루트United Fruit Company가 농간을 부려 군부 쿠데타가 일어났고, 게바라는 아르헨티나 대사관으로 피신한 뒤 안전한 여권을 발급받아 멕시코로 향했다. 과테말라에서 쿠데타를 목격한 게바라는 라틴아메리카에서는 평화적 개혁이 불가능하다고 확신하게 됐다. 멕시코로 간 게바라는 카스트로 형제를 만났고, 쿠바 혁명에 합류했다.

카스트로를 비롯한 동지들하고 함께 쿠바에 잠입한 게바라는 시에라마에스트라 산맥에 들어가 게릴라전을 펼쳤다. 혁명이 성공한 뒤에는 쿠바 국립은행 은행장과 농림부 장관 등 혁명 정부의 중요 직책을 맡았으며, 1961년 미국이 쿠바를 침공하자 소련으로 가 쿠바에 미사일을 배치하자고 설득하는 데 성공한다.

'쿠바 미사일 위기' 때문에 소련이 미사일 설치를 포기하자 소련은 이제 사회주의의 종주국이 아니라고 선언하기도 한다. 제3세계의 해방은 결국 제3세계 스스로 성취할 수밖에 없다고 생각한 게바라는 다시 게릴라 전사가 되기로 결심하고, 1965년 카스트로에게 긴 편지를 남긴 뒤 혁명의 현장으로 사라진다.

"피델, 나는 나를 쿠바 혁명에 묶어놓던 내 의무를 다했다고 생각합니다. 그래서 당신, 동지들, 이제는 내 인민이기도 한 당신의 인민에게 작별 인사를 합니다. …… 세계의 다른 나라들이 내 작은 노력을 고대하고 있습니다. 당신이 쿠바 최고 지도자의 의무 때문에 할 수 없는 일을 나는 할 수 있습니다. 나는 기쁨과 슬픔을 안고 이 길을 떠납니다. 다른 하늘에서 최후를 맞아야 한다면, 나는 마지막 순간에 당신의 인민, 특히 당신을 생각할 겁니다. …… 나는 아내와 자식들에게 물질적인 유산을 아무것도 남기지 못하는 내가 부끄럽지 않습니다. 나는 오히려 그래서 행복합니다. …… 나는 내 혁명적 열정을 모두 실어 당신을 안습니다."

게바라는 아프리카가 '제국주의의 약한 고리'라고 판단했다. 그런 판단에 따라 제3세계 비동맹 운동의 지도자인 가말 압델 나세르 Gamal Abdel Nasser 이집트 대통령이 '타잔 같은 무모한 짓'이라며 말리지만 동지 100여 명을 이끌고 멀리 아프리카 콩고로 달려갔다. 그러나 천식 때문에 철수해야 했다. 그 뒤 가까운 볼리비아로 다시 달려가 민중 해방을 위해 게릴라전을 펼치다가 2년 뒤인 1967년 10월 미국 중앙정보국CIA과 볼리비아군의 합동 작전에 휘말려 죽음을 맞이한다.


## 쿠바 혁명의 결정적 현장, 산타클라라

게바라는 아르헨티나 출신인 만큼 쿠바의 어느 지역하고도 특별한 연고가 없다. 산타클라라가 '체의 도시'로 알려지고 체 게바라가 그곳에 묻힌 이유는 무엇일까?

쿠바 혁명을 승리로 이끈 결정적 전투인 산타클라라 전투를 게바라가 지휘한 때문이었다. 1958년 쿠바 혁명을 수세에서 공세로 전환하기로 결정한 카스트로는 자기가 잘 아는 곳인데다가 처음 혁명

체의 도시에 세워진 산타클라라 전투 기념탑.

을 시작한 산티아고데쿠바를 공격했다. 게바라에게는 아바나로 가는 길목인 산타클라라를 공격하라는 지시가 내려졌다. 전략적 요충지답게 탱크 등으로 중무장한 병력 수천 명이 산타클라라를 지키고 있었다. 게바라하고 함께 온 게릴라 전사는 겨우 14명이었다. 게바라 부대는 가까운 에스캄브리아 <sup>Escambray</sup> 산에서 게릴라전을 준비하며 현지 지지자들을 모았다. 게릴라 부대가 400여 명에 이르자 산타클라라를 위협하기 시작한다. 놀란 바티스타는 최정예군 400명과 대포 등을 열차 22량에 실어 급파하지만 게바라가 이끄는 게릴라 부대에 격파됐다. 그 소식을 전해들은 바티스타는 그날로 해외로 도주했고, 쿠바 혁명은 승리했다.

트리니다드를 떠나 산타클라라에 도착해 가장 먼저 찾은 곳은 열차박물관이다. 높은 콘크리트 탑 옆에 철로에서 볼 수 있는 긴 콘크리트 막대기들이 얼기설기 설치돼 있었다. 전시된 열차 차량 안에 걸린 사진들에는 혁명 때 모습이 펼쳐졌다.

바티스타 정부의 정예군이 열차를 타고 산타클라라로 떠나자 이 정보를 입수한 어느 기자가 카스트로에게 전화해 이 사실을 알려줬다. 놀란 카스트로는 게바라에게 연락해 지시했다.

"이 열차를 막지 못하면 우리의 혁명은 끝장이네. 무슨 수를 써서라도 격퇴해야 해."

게바라는 공격 계획을 세우기 위해 지리를 잘 아는 지지자들을 이끌고 산타클라라로 진입하는 철로에 나와 꼼꼼하게 정

산타클라라로 오는 철로를 제거하는 불도저.

철로가 끊겨 전복된 진압군 열차.

찰을 했다. 정찰을 하던 게바라는 기발한 작전이 떠올랐다. 중장비를 동원해 철로를 제거하는 방법이었다. 비밀리에 불도저를 동원해 철로를 제거하고 근처에 혁명군을 매복시켰다. 예상대로 철로가 사라진 줄 모르고 달려오던 진압군 열차는 전복됐고, 매복한 혁명군에 대부분 포로로 잡혔다. 또한 혁명군은 정부군이 가져온 많은 최신 무기를 손에 넣었다. 혁명의 흐름을 바꾼 결정적 승리였다.


## 역사를 움직인 불도저

열차에 들어가자 그때 쓴 불도저 사진부터 전복된 열차, 노획한 무기, 승리 뒤 개선 장군으로 기관단총을 메고 트레이드마크인 시가를 문

채 산타클라라 중심가를 걸어가는 게바라 등 생생한 사진들이 전시돼 있었다. 밖으로 나오자 한쪽 구석에 요란하게 노랗게 칠한 불도저가 보였다. 역사를 움직인 불도저였다. 이 불도저 이상으로 역사를 움직인 중장비가 이 세상에 또 있을까?

화장실을 가려고 길을 건너자 게바라 티셔츠 등 게바라를 활용한 각종 상품을 전시한 가게들이 줄을 이었다. 18년 전에도 쓴 이야기지만, 게바라는 죽어서도 쿠바를 살리고 있다. 게바라는 여전히 쿠바 제일의 관광 상품이다.

다음 행선지는 게바라가 묻힌 게바라 박물관이다. 박물관으로 향하며 게바라와 카스트로를 생각했다. 두 사람은 혁명 동지이지만 차이도 많다. 카스트로는 혁명가이기도 하지만 기본적으로 정치가였고, 일종의 '리얼리스트'였다. 반면 게바라는 정치가라기보다는 혁명가였고, 리얼리스트라기보다는 '이상주의자'이자 '로맨티스트'였다. 카스트로는 쿠바 혁명을 완성시키는 데 더 관심이 있었다면, 게바라는 국경을 넘어 세계 혁명을 꿈꿨다. 카스트로는 최고 권력자로 50년 넘게 활동하면서 90세 넘게 장수한 반면, 게바라는 모든 자리를 박차고 떠나 볼리비아의 오지에서 30대에 외롭게 죽었다. 그러나 그런 만큼 게바라는 이념을 떠나, 좌우를 넘어, 시대의 아이콘으로 사랑받으며 영원히 살아 있다. 게바라는 고위직을 내던지고 게릴라전을 펼치려 다시 정글로 떠난 자기의 '어리석음'에 관해 이렇게 답했다(이산하 엮음,《체 게바라 시집》에서 인용).

죽어서도 쿠바를 살리는 체. 거리에서 파는 게바라 기념품들.

쿠바를 떠날 때,
누군가 나에게 이렇게
말했다.

당신은 씨를 뿌리고도
열매를 따먹을 줄 모르는
바보 같은 혁명가라고.

나는 웃으며 말했다.

그 열매는 이미 내 것이 아닐뿐더러
난 아직 씨를 뿌려야 할 곳이 많다고
그래서 나는 행복한 혁명가라고.


　　미국은 게바라를 사살한 뒤 배낭 속에 가지고 다니던 일기를 입수한다. 시아이에이는 이 일기를 조작한 뒤 《볼리비아 일기》를 출간해서 게바라가 카스트로를 비판한데다가 둘 사이에 알력이 심했다고 선전전을 펼치려 했다. 그러나 볼리비아의 한 관계자가 몰래 일기를 복사한 마이크로필름을 쿠바에 전달했다. 일기의 진위를 검토해 게바라의 육필이라는 사실을 확인한 쿠바는 선수를 쳐 게바라의 《볼리비아 일기》를 급히 출간했다. 미국의 이간 작전은 실패하고 말았다.

# 신화로 남은 죽음

게바라의 죽음에 관련해 비밀 해제된 미국 정부 문건들은 많은 생각을 하게 한다. 먼저 게바라의 활동을 둘러싼 소련과 쿠바 사이의 알력이다. 소련의 최고 실권자 레오니트 브레주네프[Leonid Brezhnev] 공산당 서기장은 알렉세이 코시긴[Aleksey Kosygin] 총리를 쿠바에 보내 "소련을 지지하는 지역 공산당(볼리비아공산당)하고 갈등을 빚는 게릴라 운동을 지원하는 행위는 게바라의 세계 공산주의 운동에 해가 된다"고 강하게 비판했다(앞에서 말한 대로 쿠바 혁명 때 소련의 지시를 받는 쿠바 공산당은 카스트로를 극좌적 폭동주의자라고 비판했다). 카스트로는 "소련이 공산주의의 혁명적 전통을 저버렸다"고 반박하면서 "쿠바는 소련이 반대하더라도 자기들의 해방을 위해 싸우는 모든 라틴아메리카의 민중 운동을 돕겠다"고 밝혔다.

미국 정부 문건은 게바라에 관련된 미국의 활동도 밝혀준다. 미국은 볼리비아에서 활동하는 게바라를 사살하려고 파나마에 있는 그린베레 특수 부대를 동원해 게바라 추적을 전담할 볼리비아 특수 부대를 훈련시켰고, 이 부대에 쿠바 출신의 시아이에이 요원을 두 명 파견했다. 이 두 요원은 부대원 한 명을 생포해 게바라의 활동 지역을 파악한 끝에 다친 게바라를 생포할 수 있었고, 그중 한 명인 펠릭스 로드리게스[Felix Rodriguez]는 게바라가 사살되는 현장에 있었다.

시아이에이는 무슨 수를 써서라도 게바라를 생포해 파나마의 미군 기지로 데려오라는 지시를 내렸다. 그러나 1961년 피그 만 침공에 직접 참가하는 등 강경한 반카스트로주의자인 로드리게스는 생각이 달랐다. 볼리비아군 사령관이 생포한 게바라를 사살하라는 지시를 내리자 로드리게스는 이 지시를 볼리비아군에 그대로 전달해서 게바라의 죽음을 방조했다. 또한 생포된 뒤 사살되지 않고 전투 중 사살당한 시체로 보이게 머리를 쏘지 말라고 직접 지시했고, 게바라가 차던 시계를 차지해 기자들에게 자랑스럽게 보여주기도 했다. 볼리비아군과 시아이에이는 게바라를 사살한 증거로 손을 자른 뒤 시신을 빌라그란데Villagrande의 버려진 활주로에 몰래 매장했다.

로드리게스는 얼마 전 《비비시BBC》를 만나 한 인터뷰에서 상부 지시를 어기고 게바라를 사살한 행위를 후회하지 않느냐는 질문을 받고 이렇게 대답했다.

"전혀 후회하지 않는다. 다만 게바라가 쓰던 전설적인 담배 파이프를 내가 가져야 했는데, 게바라를 사살한 병사에게 기념하라고 준일이 후회된다."

또한 이런 주장도 했다.

"게바라에게 정당한 재판을 받을 기회를 줘야 했다고 말하는 사람이 있는데, 게바라도 재판 없이 숱한 사람을 죽였다. 그때 당신을 죽일 계획이라고 알려주자 전투에서 죽는 편이 더 낫다며 수긍했다."

로드리게스가 한 행위는 본래 의도하고 다르게 게바라를 더욱더 신화화하고 말았다.

# '사령관이여, 영원하라'

혁명광장에 도착하자 거대한 게바라 동상이 우리를 맞았다. (둘째로 큰 게바라 동상은 탄생 80주년인 2008년 6월 16일에 게바라의 고향인 아르헨티나 로사리오의 한 광장에 세워졌다. 높이 4미터인 이 동상은 아르헨티나 시민들이 기증한 7만 5000개의 열쇠를 녹여 만들었다.) 높이 25미터로, 쿠바에서 아바나에 있는 호세 마르티 동상 다음으로 커 보이는 동상이었다. 하단부에는 흰 대리석에 게바라가 1965년에 게릴라전을 펼치러 떠나며 남긴 말인 '승리할 때까지, 언제나Hasta La Victoria Siempre'라는 문구가 새겨져 있고, 그 위에는 장총을 든 게바라가 시에라마에스트라 산맥을 바라보고 있다.

'승리할 때까지, 언제나'라는 말은 노래 덕에 유명해졌다. 게바라가 떠난 뒤 카스트로는 공개 답신에서 '사령관이여, 영원하라Hasta Siempre, Commandante'며 게바라의 건투를 빌었다. 가수 카를로스 푸에블라 Carlos Puebla는 같은 해에 이 말을 제목으로 삼아 〈사령관이여, 영원하라〉는 노래를 만들었다. '우리는 사랑을 배웠지/ 역사의 고원에서부터/ 그대 용맹의 태양이 죽음을 에워싼 곳'으로 시작되고 '체 게바라 사령관이여'라는 후렴이 중독처럼 다가오는 이 노래는 4년 뒤 게바라가 전사하자 대표적인 추모곡이 돼 많은 가수들이 불렀다. 그 덕에 '승리할 때까지, 언제나'는 체의 유언으로 널리 알려졌다. 이 문구가 새겨진 게바라의 동상을 올려다보자 나도 모르게 후렴을 흥얼거렸다.

25미터짜리 게바라 동상. '승리할 때까지, 언제나'라는 문구가 새겨져 있다.

여기 분명히 남아 있네Aqui se querda la clara

존경하는 당신이la entranable transparencia

사랑한 것들의 투명함de tu querida presence

체 게바라 사령관이여Commandante Che Guevara


우리 그대를 따라가리Sequilremos adelante

그대가 계속 걸어간 연대의 길을como junto a ti sequimos

그리고 피델이 한 말처럼y con Fidel te decimos

사령관이여, 영원하라Hasta Siempre, Commandante

그 옆에는 사각으로 만든 또 다른 거대한 대리석에 시에라마에스트라 산에서 카스트로하고 함께 게릴라 활동을 펼치는 게바라의 모습이 부조로 새겨져 있었다. 거대한 게바라 동상을 올려다보고 있자니, 'FIDEL'이라는 다섯 글자만 새긴 돌 하나만 놓인 산티아고데쿠바의 카스트로 무덤이 떠올랐다. 카스트로가 체 게바라에 관련해서는 동상과 박물관을 짓고 여러 가지 관광 상품도 판매할 수 있게 허용하면서도 자기에 관련해서는 이런 모든 일을 유언까지 남겨 금지한 이유는 뭘까? 먼저 떠난 동지에게 진 마음의 빚을 갚은 걸까?

박물관은 게바라 동상의 뒤쪽 지하에 양쪽으로 마련돼 있다. 오른쪽은 기념관이고 왼쪽은 묘지다. 그러나 이 두 곳은 모든 촬영이 금지돼 있고 가방 등도 가지고 들어갈 수 없었다(기념관과 묘지 내부를 찍은 기념 책자를 사려고 박물관 매점에 들렀지만 아쉽게도 구할 수 없었다). 기념관에는 게바라 관련 자료가 전시돼 있었다. 대부분 이미 알려진 내용이었고, 아바나 대학교 의대가 나중에 게바라에게 수여한 명예 졸업장 정도가 특이했다.

기념관을 나와 묘지로 들어가자 게바라하고 함께 볼리비아에서 싸우다가 전사한 동지 32명의 유해와 흉상을 새긴 부조가 보였다. 한가운데에 다른 사람들보다 큰 게바라의 흉상 부조가 자리잡고 있었다. 1967년에 게바라가 사살된 증거인 손가락 지문을 분석한 아르헨티나 경찰의 검사 결과를 건네받은 볼리비아 군부 정권은, 검사 결과는 미국으로 보내고 잘린 손가락은 쿠바로 보냈다. 지문으로 사망

자의 신원을 확인하라는 의도였다. 볼리비아 군부 정권이 무너진 뒤 1997년에 체 게바라를 사살하고 매장한 군인이 그동안 숨기고 있던 시신 매장지를 고백했다. 볼리비아 정부는 게바라의 유해를 발굴하고 수습한 뒤 동지들의 유해하고 함께 쿠바로 보냈다.

## "불의에 분노하는 혁명가로 자라나기를"

머나먼 오지에서 외로운 죽음을 당한 뒤 30년 만에 사랑하던 제2의

조국 쿠바로 돌아온 게바라의 유해 앞에서 고개를 숙이고 묵념을 하고 있자니 여러 생각이 머리를 스쳤다. 가장 먼저 〈체에게 바치는 비가Elegia al Che Guevara〉가 떠올랐다. 1970년 칠레에는 남미 최초로 선거를 거쳐 집권한 사회주의 정권인 살바도르 아옌데 정권이 들어섰고, 누에바 칸시온nueva cancion 등 진보적 문화 운동이 꽃피웠다. 그러나 미국의 사주를 받은 아우구스토 피노체트가 쿠데타를 일으켜 아옌데 정권이 무너진 뒤 이 운동의 상징인 빅토르 하라Victor Jara는 운동장에서 즉결 처분을 당해 세상을 떠났고, 많은 예술가들이 망명길에 올랐다.

'수염 난 사내들'이라는 뜻을 지닌 '킬라파윤Quilapayún'이라는 포크 그룹도 그랬다. 대통령 선거에서 아옌데가 주제곡으로 쓴 〈민중은 단결하면 결코 패배하지 않는다〉는 노래를 부른 이 그룹은 피노체트가 쿠데타를 일으킨 1973년에 유럽 투어 중이어서 학살을 피했다. 〈체에게 바치는 비가〉는 체가 죽은 소식을 듣고 만든 추모곡이다. 기타 반주를 배경으로 작은 소리가 점점 커져 합창이 되는 이 노래를 들으면 저절로 눈물이 흐른다. 체의 무덤 앞에서 묵념을 하니 익숙한 그 노래가 한 소절씩 천천히 머릿속을 지나갔다.

〈체에게 바치는 비가〉가 끝나자 콩고로 떠날 때 자기가 죽으면 전해달라고 써놓은 유서 두 개가 떠올랐다. 하나는 부모님에게 보내는 편지고, 다른 하나는 다섯 자녀들에게 보내는 편지였다.

다시 한 번, 저는 군홧발 밑에 말의 갈비뼈를 느낍니다. 다시 한 번, 저는 팔에

〈체에게 바치는 비가〉가 실린 킬라파윤의 음반.

방탄 보호대를 끼고 길 위를 가고 있습니다. 10년 전에도 작별 편지를 쓴 적이 있는데, 다시 이렇게 작별 편지를 씁니다. …… 이번이 끝일지 모릅니다. 일부러 그러지는 않겠지만, 충분히 그럴 가능성이 있습니다. 만일 그렇게 될지도 모르니, 마지막 포옹을 보냅니다. 당신을 많이 사랑했습니다. 다만 표현할 방법을 잘 몰랐습니다. …… 당신의 고집 센 탕아 아들이 뜨거운 포옹을 보냅니다.

혁명가로 자라나라. 열심히 공부해서 자연을 극복할 수 있는 기술을 익혀라. …… 무엇보다도 세계 어느 곳 어느 사람에게 행해지는 어떤 불의에도 언제나 깊이 분노할 줄 알아야 한다. 그런 태도가 혁명가에게 필요한 가장 아름다운 덕목이다. 내 아이들아, 영원히. 너희들을 다시 볼 수 있기를 바란다. 뜨거운 키스와 포옹을 보낸다.

아무리 혁명가라고 하지만, 자식들에게 자기처럼 가시밭길을 걸어야 한다고 이야기하는 사람이 얼마나 될까? 체 게바라답다. 체에게 답하고 싶었다.

"아닙니다. 혁명가만의 덕목은 아닙니다. 인간이라면 누구에게나 가장 필요한 덕목입니다. 잘 자시오. 체."

'히론을 잊지 말자.' 쿠바를 여행하면서 자주 볼 수 있는 구호다. 히론? 히론이 뭐지? 처음에는 고개를 갸우뚱했다. 알고 보니 우리가 피그 만 침공이라고 알고 있는 사건에 관련된 지역이었다(정확한 이름은 '플라야 히론'이다). 사실 '피그 만Bay of Pigs'이라는 지명도 우리에게는 익숙하지 않은데, 미국 유학 시절 국제정치학 시간에 읽은 책들에 자주 나타나 궁금했다. '돼지 만? 이름 한번 희한하네.' 이런 생각을 하며 찾아보니 스페인어로 '돼지'라는 뜻인 '코키노스Cochinos'를 영어로 번역한 단어였다. 히론은 이 만에 있는 한 지역을 가리키는데, 1600년대에 악명을 날린 카리브 해의 해적 길버트 히론이 여기에서 현지인들에게 참수를 당한 뒤 붙은 이름이다. "히론을 잊지 말자"는 말은 "피그 만 침공을 잊지 말자"는 다짐이었다.

## 스페인 식민지에서 미국의 하수구로

피그 만 침공은 세계 최강대국 미국과 미국에서 112킬로미터 떨어져 있는 작은 섬나라 쿠바 사이의 비극적인 관계를 잘 보여준다. 쿠바 학자들은 미국이 사실상 쿠바 덕에 독립할 수 있었다고 주장한다. 조지 워싱턴은 1781년 버지니아 주의 요크타운 전투에서 영국군을 대파하면서 독립 전쟁을 승리로 이끌 발판을 마련한다. 영국하고 경쟁하던 스페인은 영국을 견제하려고 식민지인 쿠바를 거쳐 조지 워싱턴에게

히론을 잊지 말자는 선전판 중의 하나.

군사 자금과 무기를 지원했고, 아바나와 아이티에 있던 군대까지 파견해서 도왔다.

영국에서 독립한 미국은 건국 초기부터 쿠바를 향한 야심을 감추지 않았다. 건국 주역의 한 명이며 3대 대통령인 토머스 제퍼슨은 합중국에 쿠바를 포함시켜야 한다고 주장했다. 19세기 말 24대 대통령인 글로버 클리블랜드는 러시아에서 구입한 알래스카처럼 쿠바를 사들이려 했다. 문제는 쿠바를 포기할 뜻이 전혀 없는 스페인의 존재였다. 기회는 엉뚱한 곳에서 찾아왔다. 1860년대에 세스페데스가 주도한 1차 독립 전쟁이 실패로 끝난 뒤 쿠바인들은 1890년대에 호세 마르티를 중심으로 강력한 2차 독립 전쟁을 펼친다. 마르티는 전쟁 초기에 전사하지만 1차 전쟁하고 다르게 독립 전쟁은 승리로 기울기 시작했다. 미국은 자국민 보호를 이유로 해군을 파견했고, 아바나에 정박 중인 미군 함정이 의문의 폭발 사고를 당하자 이 사건을 핑계로 쿠바에 상륙했다.

쿠바 독립 전쟁이 스페인-쿠바-미국 전쟁으로 발전한 1902년, 드디어 쿠바는 독립한다. 미국은 미군 철수를 핑계로 쿠바를 압박했다. 미군을 계속 자국 영토에 머물게 할 수는 없던 쿠바는 울며 겨자 먹기로 미국이 내건 요구를 받아들였다. 미국은 관타나모 군사 기지를 영구히 차지하게 됐고, 필요할 때는 언제든지 쿠바에 군사적으로 개입할 수 있는 권리를 확보했다. 스페인에서 독립한 쿠바는 미국의 '신식민지'가 되고 말았다.

또 다른 문제는 경제적 지배였다. 쿠바 경제는 사탕수수 단일 경작에 기대어 유지됐다. 사탕수수를 대부분 미국에 수출하고 식량의 50퍼센트를 포함해 거의 모든 물품을 미국에서 수입했다. 1930년대에 들어서서는 미국 정유 회사들이 쿠바에 진출해 석유를 시추했고, 미국 은행들은 금융 시장을 지배했다. 마피아까지 들어와 카지노, 성매매, 마약 시장을 장악했고, 돈세탁도 시작했다. 쿠바는 '미국의 하수구'가 됐다. 〈대부 2〉도 이런 현실을 바탕으로 한 영화다. 얼마 전 출간된 책《아바나의 마피아》는 미국 정부의 비호 아래 역대 독재 정권에 결탁한 마피아들이 쿠바에서 저지른 범죄를 생생하게 증언한다.

## 미국을 위해 세우려던 '혁명 정부'

모순은 결국 1959년 쿠바 혁명으로 폭발하고 만다. 카스트로는 혁명에 성공한 뒤 많은 사탕수수 회사와 스탠더드 오일 등 미국 기업을 국유화했다. 미국은 국교를 단절했고, 카스트로를 제거하기 위해 즐겨 피우는 시가에 독을 묻히는 등 암살을 시도하지만 실패했다. 마침내 마이애미 등에 망명한 쿠바인들을 중심으로 반군을 조직해서 쿠바를 침공해 '혁명 정부'(사실은 혁명 정부를 무너트리려는 반혁명 정부)를 세우기로 결정한다.

　미국의 반카스트로 군사 작전은 1959년에 쿠바 혁명이 성공하자마자 드와이트 아이젠하워 대통령이 시아이에이에 지시하면서 시작됐다. 원래는 성공한 비밀공작 사례인 과테말라 작전을 쿠바에 적용할 계획이었다. 과테말라는 1944년 민중 봉기로 독재 정권을 몰아낸 뒤 라틴아메리카 최초의 민주주의 선거를 거쳐 민주 정부를 구성했다. 1951년에는 선거를 거쳐 집권한 진보적 대통령이 농지 개혁을 추진했다. 과테말라에 진출해 있던 유나이티드 프루트가 정권 전복을 노리고 강력한 로비를 펼친 결과, 미국은 군부를 조정해 쿠데타를 일으켜 민주 정부를 몰아내고 군부 독재 정권을 세웠다. 카스트로 비밀공작 계획은 자꾸 확대됐다. 1960년 10월 존 에프 케네디가 집권한 뒤 브리핑을 받을 때는 쿠바 망명자 1400명을 동원해 직접 쿠바를 침공하는 방식으로 바뀌어 있었다.

ANIVERSARIO **59** DEL TRIUNFO DE LA REVOLUCIÓN

혁명 승리 59주년을 축하하는 팻말.

'히론 — 양키 제국주의가 라틴아메리카에서 당한 첫 패배.'

GIRÓN
primera gran derrota del imperialismo
yanqui en América Latina

히론은 아바나에서 그리 멀지 않으면서도 접근하기 어려운 오지라서 침공하기 아주 좋은 장소였다. 그때는 길도 거의 없어서 진압군이 들어가기도 쉽지 않았다. 얼마를 달리자 커다란 팻말에 안경을 쓴 카스트로가 뭔가를 가리키는 사진하고 함께 '여기에 히론 전투의 카스트로 지휘소가 있었다'는 문구가 써 있었다. 피그 만 침공 때 카스트로가 현지에 와 작전을 지휘한 현장이었다. 카스트로는 침공 소식을 듣자마자 직접 장갑차를 몰고 달려와 직접 작전을 지휘했다.

조금 달리자 피그 만 침공 때 카스트로가 말했다는 '조국이냐, 죽음이냐'를 써놓은 팻말에 이어 양옆으로 악어 농장이 나타났다. 이 지역은 원래 늪지대라 악어 농장이 많고 나무에 불을 질러 숯을 만들어 파는 숯장수들이 모여 사는 아주 가난한 곳이었다. 대개 카스트로 혁명의 열성 지지자인 주민들은 현지 지형을 잘 아는 만큼 침공군을 격퇴하는 데 크게 기여했다.

## 양키 제국주의가 당한 첫 패배

히론이 가까워지면서 팻말들이 줄줄이 나타났다. 1년 전에 만든 듯한 '혁명 승리 59주년 축하'라는 팻말에 이어 '여기까지 용병들이 왔다'는 팻말이 나타났다. 침공군이 여기까지 들어왔다는 말인데, 침공군을 미국의 '용병'이라고 부르는 모습이 재미있었다. 이어서 '여기에서 승리에 결정적인 전투가 있었다'나 '히론 — 양키 제국주의가 라틴아메리카에서 당한 첫 패배' 같은 문구가 눈에 띄었다. 얼마를 달리자 바다가 나타났다. 많은 다이버들이 찾는 다이빙 천국, 피그 만 해변이었다. 이곳에도 침공군이 들어왔지만 주력 부대가 상륙한 히론은 한참을 더 가야 한단다. 시계를 보니 네 시가 넘었다. 기념관이 문을 닫을 수도 있었다. 걱정한 대로 도착해보니 폐관 시간인 오후 4시 30분이 지났다며 문을 열어주지 않았다. 다시 한 번 부탁해도 거절하더니, 우리 일행의 내일 일정을 고려해 보통 때보다 30분 빠른 8시 30분에 문을 열어주기로 했다.

호텔 로비로 들어가자 호세 마르티와 카스트로의 사진과 어록이 우리를 맞았다. 숙소는 독립된 방갈로로 돼 있었는데, 지붕에 설치된 태양광 집열판이 인상적이었다. 호텔을 지나 바닷가로 가자 해변 바로 앞에 기가 막힌 수영장이 나타났다. 침공군이 상륙한 역사의 현장은 수영장으로 바뀌어 있었다. 많은 사람들이 수영을 하고 있었다. 저녁에 식당에 가니 우리 빼고는 투숙객이 거의 없었다.

"수영장에 있던 손님들은 다 어디 갔나요?"

궁금해서 물으니 투숙객이 아니라 동네 주민이라고 알려줬다. 주민이라도 즐겨야지 손님 없는 수영장을 놀려서 뭐하겠는가? 시골답게 정겨운 모습이었다. 게다가 명색이 '사회주의 국가' 아닌가?

다음날 아침 일찍 기념관으로 향했다. '히론 기념관'이라는 팻말을 세워놓은 야외에는 침공 때의 전투기, 탱크, 대공포 등이 전시돼 있

침공군이 상륙한 현장에 들어선 수영장.

독립된 방갈로로 된 호텔 객실 지붕에 설치된 태양광 집열판.

었다. 그 옆에는 침공 때 목숨을 잃은 희생자 100여 명의 이름을 새긴 열사탑이 보였다.

건물 안으로 들어가자 '히론 — 민중과 사회주의의 승리', '혁명은 무적이다', '자유 쿠바 만세', '조국이냐 죽음이냐' 같은 문구를 쓴 포스터들이 눈에 띄었다. 쿠바 혁명이 성공하고 카스트로가 급진적 정책을 펴기 시작하자 미국은 망명자를 조직해 쿠바를 침공하기로 결정했다. 케네디 대통령은 집권하고 얼마 안 된 1961년 4월 피그 만 침공을 승인했다. 미군 밑에서 훈련하고 지원까지 받은 반군 1500명은 미군 군함을 타고 피그 만의 히론에 상륙했다. 쿠바군은 카스트로의 지휘 아래 지형을 잘 아는 현지 주민들의 지원을 받아 반격에 나섰고, 침공군은 사흘 만에 사상자 100여 명에 1000여 명이 넘게 생포되면서 참패했다.

전시실에는 숯장수 등으로 연명한 이곳 농민들의 열악한 삶부터 전투에 관련된 사진들이 걸려 있었다. 피그 만 침공에 관해 나름대로 잘 알고 있다고 생각했지만, 모르던 사실도 많았다. 피그 만 침공 직전에 미국은 산티아고데쿠바 공항을 폭격했다. 침공 작전을 손쉽게 하려고 미국 전투기에 쿠바 전투기 색을 칠해 위장한 뒤 공항을 공습해 쿠바 공군력을 무력화하려 했다. 공습 현장을 찍은 생생한 사진들이 이런 역사를 증언하고 있었다.

쿠바 전투기로 위장한 미국 전투기들은 공격 목표를 대부분 파괴하지 못했고, 쿠바 해군의 경비행기들이 미군 보급선들을 격침시키

히론 기념관 외관과 선전 문구들.

숯장수 등으로 연명한 농민들의 열악한 삶.

포로로 잡힌 '용병'들.

Bombardeo al 미국이 저지른 공습 현장 사진들.

미 제국주의에 맞서 자원 입대한 여성의 눈매가 매섭다.

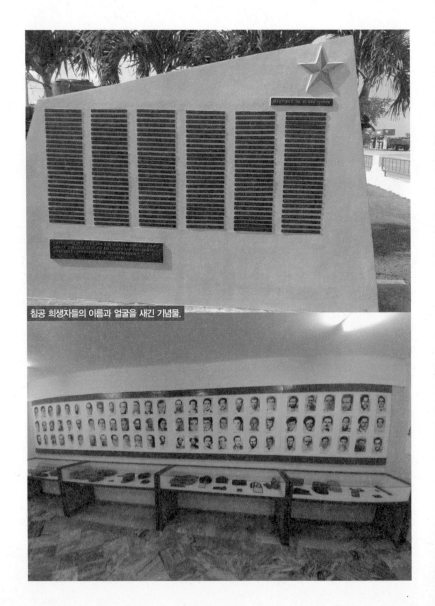

침공 희생자들의 이름과 얼굴을 새긴 기념물.

면서 침공군은 고립되고 말았다. 쿠바 침공이 국제 문제가 되자 케네디 대통령도 더는 공군력을 지원할 수 없다며 발을 뺐다.

결정타는 쿠바 현지의 분위기였다. 쿠바 망명자들과 시아이에이는 자기들이 쿠바를 공격하면 카스트로의 압제에 신음하는 쿠바 민중이 들고 일어나 도와준다면서 큰소리를 쳤지만, 현실은 정반대였다. 쿠바 민중은 적극적으로 카스트로와 혁명 정부를 도왔다. 침공군 지휘자 5명을 재판해 사형 선고를 내리는 장면들이 사진 속에 펼쳐졌다. 나머지 1113명은 5300만 달러어치의 의약품 등하고 맞바꿔 미국으로 송환했다.

히론을 갈 때는 몰랐지만 한국에 돌아와 비극적 사실을 새로 알게 됐다. 멕시코뿐 아니라 쿠바에도 20세기 초에 살기 위해 이민을 온 애니깽의 한인 후예들이 있었고, 이 한인들은 피그 만 침공에 연관됐다. 한인 후예들이, 그것도 친형제가 피그 만 침공 때 서로 총부리를 겨누다 목숨을 잃었다.

2001년《경향신문》김진호 기자는 쿠바 한인 이민사 연구자를 만나 어느 형제의 비극을 들었다. 형인 호르헤 김은 침공군으로 히론에 왔다가 체포돼 사형됐고, 동생인 베니그노 김은 방어군으로 나서서 히론 전투에 참가해 죽음을 맞았다고 한다. 형제간에 총부리를 겨눈 한국전쟁의 비극이 몇 년 뒤 머나먼 쿠바에서 다시 벌어진 셈이다.

# 쿠바, 위기 속에서 살아남아

피그 만 침공은 쿠바를 철저하게 친소 노선으로 나아가게 하는 엉뚱한 결과를 가져왔다. 초강대국 미국의 침공을 겪은 쿠바는 소련의 지원과 미사일이 없으면 생존하기 어렵다고 판단했고, 체 게바라를 소련에 보내 쿠바에 중거리 미사일을 배치하자고 설득했다. 마침 소련 서기장 니키타 후르쇼프는 미국의 미사일은 소련 국경을 따라 코앞에 배치된 반면 미국을 겨냥한 소련의 미사일은 미국에서 수천 킬로미터 떨어져 있는 상황이 불만이었다. 미국과 소련 사이의 '미사일 격차'를 해소할 절호의 기회라고 본 후르쇼프는 미사일을 실은 배를 몰래 쿠바로 보냈다.

쿠바를 고공 감시하던 미군 정찰기가 미사일이 설치된 사실을 곧바로 포착했고, 1962년 10월에 이미 설치된 미사일에 장착할 핵탄두를 싣고 쿠바로 향하고 있는 소련 화물선을 발견했다. 미국에 비상이 걸렸다. 케네디 대통령은 쿠바 침공과 공습, 해상 봉쇄 같은 군사 행동부터 외교 협상 등 여러 대응 방안을 검토하다가 결국 쿠바 앞바다를 봉쇄하라고 명령한다. 바로 '쿠바 미사일 위기'였다(이 이야기는 2000년에 케빈 코스트너가 주연한 영화 〈디데이 13Thirteen Days〉으로 만들어지기도 했다).

소련 화물선이 쿠바에 가까이 다가오면서 세계는 3차 대전의 위기로 치달았다. 케네디는 비밀 협상을 벌여 회심의 카드를 제시했다.

미국은 쿠바를 침공하지 않고 소련을 겨냥해 터키에 배치한 미사일을 철수한다는 약속이었다. 후르쇼프 소련 공산당 서기장은 핵탄두를 싣고 쿠바로 향하던 화물선을 마지막 순간에 회항시켰다. 카스트로 정권을 몰아내려던 미국의 피그 만 침공은 인류를 핵전쟁과 절멸로 몰아갈 수도 있었다.

쿠바는 소련의 막대한 원조와 군사 방어막 속에서 잘 지낼 수 있었다. 봄날은 오래가지 못했다. 소련과 동구의 붕괴는 새로운 위기를

가져왔다. 쿠바는 위기를 견뎌냈고, 소련이라는 보호막 없이도 홀로
초강대국 미국에 맞서 30년 넘게 살아남았다. 히론으로 들어가는 입
구에는 쿠바에서 드물게 우리식 아파트가 있다. 소련이 지원한 사회
주의식 아파트로, 이제는 사라진 소련의 보호막을 증언해준다.

## 아바나에 휘날리는 성조기

소련의 원조가 끊긴 뒤 경제가 어려워지면서 생존 자체를 위협받자
카스트로는 자기들이 자랑으로 여기는 "의료와 교육 빼고는 모든 것
을 양보할 수 있다"고 선언했다. '특별한 시기'가 시작됐다.

특별한 시기이던 2000년, 나는 쿠바를 방문했다. 놀라운 일이 많
았지만, 경제 측면에서는 두 가지를 꼽을 수 있었다. 첫째, 환전을 하
지 않고 달러를 그냥 썼다. 반미 국가 쿠바에서 달러를 직접 통화로
썼다고? 달러를 벌려고 달러를 제2의 통화로 삼은 때문이었다. 둘째,
그러면서도 미국 신용카드는 받지 않았다. 경제 제재 때문에 미국이
결제를 해주지 않기 때문이었다. '특별한 시기'가 끝난 지금은 달러도
환전해서 쓰기는 하지만, 유로하고 다르게 10퍼센트의 벌금을 부과
했다. 100달러를 주면 수수료를 빼고 87달러만 돌려줬다.

다행스럽게도 미국과 쿠바 사이에 해빙 무드가 일고 있다. 2014
년 버락 오바마 미국 대통령은 53년 만에 미국과 쿠바의 국교 정상화,

# THE MAFIA IN HAVANA

## A CARIBBEAN MOB STORY

## ENRIQUE CIRULES

《아바나의 마피아》 표지.

경제 제재 완화, 여행 규제 완화를 선언했다. 2015년에 아바나와 워싱턴에 각각 미국 대사관과 쿠바 대사관이 개설됐고, 2016년에 오바마가 쿠바 혁명 뒤 처음으로 미국 대통령 자격으로 쿠바를 방문했다.

아바나의 해안 도로를 달리다보면 나쇼날 호텔이 나타난다. 1950년대 프랭크 시나트라가 자주 공연한 역사적 명소다. 영화 〈대부〉에서 돈 비토 코를레오네의 딸이 결혼할 때 등장하는 가수의 모델이 프랭크 시나트라일 정도로 시나트라와 마피아의 유착은 잘 알려져 있다. 시나트라는 1960년대 말 마피아 연루설로 사실상 연예계를 떠나 있었다. 그때 20년 연하의 폴 앵카가 프랑스 곡에 시나트라의 이야기를 가사로 붙여 노래를 만들었다. 이 노래가 폭발적인 인기를 끌면서 시나트라는 재기했다. 바로 시나트라의 '인생 노래'인 〈마이 웨이My Way〉다. 평탄하지 않았지만 '나만의 방식'대로 살아온 내 삶을 이야기해주는 듯해서 나도 아주 좋아하는 노래다. 2018년 2월 정년퇴임 강연의 마지막도 이 노래였다. 나쇼날 호텔을 지나며 〈마이 웨이〉를 흥얼거릴 수밖에 없었다.

인간은 무엇이고, 무엇을 얻는 걸까?
인간은 자기 자신이 아니라면 아무 것도 아니다.
(비굴하게) 무릎 꿇은 사람의 말이 아니라
자기가 진정으로 느끼는 것을 말해야 한다.
살아오면서 나는 몇 차례 타격을 맞아야 했다.

그리고 내 방식으로 살아왔다.

예스, 잇 워스 마이 웨이.

— 프랭크 시나트라, 〈마이 웨이〉


사실 거대한 자본주의의 물결 속에서 자기 길을 고집하는 쿠바는 〈마이 웨이〉에 딱 어울리는 나라다. 〈마이 웨이〉를 흥얼거리며 아바나의 해변 도로를 달리고 있자니 18년 전에는 보이지 않던 미국 국기가 눈에 띄었다.

"아니 아바나에 웬 미국 국기?"

새로 들어선 미국 대사관이었다. 아바나의 성조기, 미국과 쿠바의 화해를 상징적으로 보여주는 장면이다.

쿠바 혁명 뒤인 1963년부터 미국은 미국 시민이 쿠바를 방문하지 못하게 했다. 그러나 빌 클린턴 정부는 1999년에 이 규제를 풀어서 미국 국민과 쿠바 국민이 민간 대 민간으로 만나는 여행은 미리 허가를 받으면 할 수 있게 허가했다. 미국 시민권자가 쿠바를 방문할 수 있게 알선하는 전문 여행사도 생기지만, 얼마 뒤 조지 워커 부시가 집권한 뒤 이런 방식의 쿠바 여행을 금지했다.

미국 시민이 이런 규제를 뚫고 쿠바를 방문할 길이 없지는 않았다. 멕시코나 캐나다를 거쳐 얼마든지 갈 수 있었다. 2000년에 쿠바에 갈 때도 미국 시민권자인 친구가 동행했지만, 멕시코를 경유한 만큼 전혀 문제가 없었다(한국은 2000년대 들어 쿠바 여행에 제한이 없어졌지만, 2016년 이전에는 미국에서 쿠바로 가는 직항이 없어서 멕시코나 캐나다를 경유해야 했다). 멕시코시티에 있는 쿠바 국영 여행사에서 여행 상품을 구입하자 따로 준비한 종이에 인쇄된 비자 같은 서류를 줬다. 입국과 출국을 할 때도 그 서류에 입출국 도장을 찍기 때문에 여권에 아무 흔적이 남지 않았다. 이제 미국과 쿠바의 국교가 정상화되고 쿠바 경제도 좋아진 탓인지, 이번 여행에서는 여권에 출입국 도장을 찍었다. 물론 예외도 있었다. 동행한 한 친구에 따르면, 미국 시민이니 여권에 도장을 찍지 말아달라고 부탁하자 출입국 관리가 그렇게 해주더란다.


## 미국과 쿠바는 어쩔 수 없는 이웃

오마바 정부는 2010년 부시 정부가 중단시킨 민간 부문의 쿠바 여행을 다시 허가했고, 2015년에는 관련 규제를 크게 풀어 허가받은 여행사를 안 거친 개인도 쿠바를 여행할 수 있게 했다. 2015년 가을부터는 50년 만에 처음으로 미국에서 쿠바로 들어가는 직항 노선이 개설됐다. 쿠바를 방문한 미국인도 1년에 60만 명으로 6배나 늘어났다.

대통령이 바뀌면서 상황은 달라지기 시작했다. 플로리다 주에 많이 사는 극우 성향 쿠바 이민자들의 지지를 받는 도널드 트럼프 대통령은 미국인 교육 등 정부가 허용한 13개 항목을 제외한 개인 관광을

목적으로 한 쿠바 방문을 금지하는 등 이런 흐름을 다시 되돌리고 있
다. 트럼프 정부는 2018년 11월 베네수엘라, 쿠바, 니카라과를 '폭정의
트로이카'라고 비난하면서 대통령령으로 경제 제재 조치를 발동했다.
쿠바를 상대로 하는 비공식적 외교 관계를 차단하고 군과 정보기관
이 소유하거나 운영하는 기업 20곳에 관련된 거래를 금지했다. 히론
을 떠나며 미국과 쿠바가 오랜 악연을 끊고 평등하면서 좀더 친근한
이웃으로 굳건히 다가서기를 기원했다.

# 8장

# 애니깽, 쿠바 속의 한국

마탄사스에서 본 한국과 쿠바

*Matanzas*

《야만의 멕시코<sup>Babarous Mexico</sup>》. 언론사에서 일하던 1980년 봄, 광주 학살이 있어났다. 시민을 죽인 학살을 폭도들이 일으킨 폭동으로 보도하라는 군부에 대항해 제작 거부 운동을 벌이다가, 언론사를 떠나 텍사스 주립대학교로 유학을 가야 했다. 텍사스 주의 낯선 더위 속에서 학교 수업을 빼면 삶의 유일한 낙은 헌책방을 뒤지는 시간이었다. 어느 날 단골 헌책방에 갔더니, 강렬한 제목을 단 책이 눈에 띄었다. '야만의 멕시코'라니. 텍사스의 한 진보적 언론인이 1910~1920년대 멕시코를 여행하며 쓴 글을 모은 책이었다.

## 애니깽, 멕시코로 팔려간 한국인

재미있을 듯해 그 책을 사서 읽다가 충격을 받았다. 유카탄 반도를 여행하는 도중에 노예처럼 발에 족쇄를 차고 땡볕 아래 애니깽 농장에서 일하는 동양인들이 있어 물어보니 '한국인'이라고 답하더라는 구절이 있었다. 방학에 한국에 들어가 기자를 하던 친구에게 취재해보라며 책을 건넸다. 그 덕인지 아닌지 모르지만, 그 뒤 20세기 초 멕시코로 팔려간 우리 선조들을 다룬 책《애니깽》이 출간돼 관련된 여러 사실이 널리 알려졌다.

애니깽 이야기는 멕시코에만 그치지 않는다. 쿠바에도 애니깽이 있었다. 우리 선조인 애니깽의 흔적을 찾아 히론을 떠나 아바나 근교

마탄사스로 가다가 쿠바에서 처음 본 쭉 뻗은 고속도로.

인 마탄사스로 향했다. 히론으로 들어가는 지방 도로를 돌아 나와 주
도로로 들어서자 지금까지 쿠바에서 본 길하고 전혀 다른 풍경이 나
타났다. 왕복 6차선 고속도로였다.

소련 기술자들이 와서 닦은 도로였다. 아바나에서 산타클라라까
지 작업이 끝난 때 소련과 동구가 붕괴하면서 공사가 멈춰 거기서 도
로가 끊겼다. 소련이 몇 년만 더 버텼으면 동쪽 끝 산티아고데쿠바까
지 고속도로가 깔렸을 텐데, 그 몇 년을 못 견딘 탓에 지금 우리가 고
생하는 셈이었다.

이름난 휴양지인 마탄사스 해변의 수려한 풍광.

마탄사스는 아바나처럼 쿠바의 북쪽에 위치해 플로리다를 마주
보고 있는 항구로, 아바나에서 동쪽으로 한 시간 거리에 있다. 쉽게
말해, 아바나와 이레네 듀퐁의 별장이 있던 아바나 근교의 최고 휴양
지인 바라데로의 중간에 자리한다.

이곳은 아바나에 가까우면서도 수심이 70미터나 되는 심해 항구
로, 스페인이 1680년대에 무역항으로 개발했다. 1950년대 쿠바에는
'마피아 삼총사'가 있었다. 마피아는 아바나에 나쇼날 호텔을 짓고 바
라데로에 인터나쇼날 호텔을 지어 개발했고, 마탄사스는 별장 지역으

로 삼았다. 도시에 들어서니 명성답게 바닷가를 따라 요트들이 떠다니고 수상 스포츠를 즐기는 젊은이들이 가득했다.

## 사탕수수 농장이라는 감언이설

도로 통제 때문에 길을 돌고 돌아 내륙으로 들어갔다. 차에서 내려 가난한 쿠바에서도 이제는 흔치 않은 누추한 흙집들을 지나치자 한국식 기와라고 하기에는 뭐한 국적 불명의 탑이 나타났다. 애니깽들을 기리며 미국의 어느 한인 선교 단체가 만든 추모탑이었다. 탑 앞에는 아직 채 자라지 않은 작은 애니깽 나무가 심겨 있어 추모의 의미를 상기시켰다.

나라를 잃은 상태에서 감언이설에 속아 1905년 멕시코에 온 한인 노동자 1031명은 배의 밧줄을 만들고 애니깽을 재배하는 지옥 같은 노동에 시달려야 했다. 그중 300명은 그나마 조건이 나은 편인 사탕수수 농장을 찾아 1921년에 배 두 척에 나눠 타고 쿠바에 왔다. 도착한 곳은 이제는 사라졌지만 그때는 주요 항구이던 쿠바 동북단의 마나티 항. 안타깝게도 마침 미국이 만든 새로운 관세 장벽 때문에 사탕수수 가격이 폭락하면서 한인들은 사탕수수 농장 일을 구할 수 없었다. 한인들은 살기 위해 여러 곳으로 흩어지는데, 많은 사람이 바로 이 마탄사스 지방으로 왔다. 이곳에서 한인촌을 만들어 같이 생활하

유카탄 반도에서 건너온 애니깽들이 살던 곳.

면서 유카탄 반도에서 배운 기술을 활용해 다시 지옥 같은 애니깽 재배에 나서야 했다.

살기 위해 멀고먼 쿠바까지 왔지만 애국심을 버리지는 않았다고 한다. 2001년부터 쿠바 이민을 현지 취재한 《경향신문》 김진호 기자가 한 인터뷰를 보면, 한인들은 쿠바 입국 때 자기들을 일본인으로 분류하려는 쿠바 정부에 맞서 입국을 거부하고 열흘을 배에서 버틴 끝에 결국 일본인이 아닌 '무국적자'로 입국했다. 한인들은 임천택 씨 등이 주도해 지옥 같은 애니깽 농장 일을 해서 번 돈을 독립운동 자금으로 모아 상해로 보냈다. 이런 공을 인정받아 임천택 씨는 1997년

한인 선교 단체가 세운 애니깽 추모탑.

건국훈장 애국장을 받았고, 2004년 대전현충원에 묻혔다.

임천택 씨 아들인 에로니모 임 김(쿠바는 아버지 성과 어머니 성을 같이 쓴다) 씨는 카스트로하고 아바나 대학교 법대를 함께 다닌 동창이다. 두 사람은 초기부터 함께 쿠바 혁명을 주도했는데, 산악 지대에서 게릴라전을 펼친 카스트로하고 다르게 좀더 위험한 도시 게릴라로 활동했다. 혁명 뒤 에로니모 임 김은 산업부에 배치돼 체 게바라 장관 밑에서 일했고, 산업부가 여러 부서로 해체된 뒤 식량산업부에서 고위 공무원을 지내다가 은퇴했다. 은퇴한 뒤에는 정부의 특별 허가를 받아 승용차를 구입해서 택시 기사로 일하다가 세상을 떠났다.

세계를 여행하다 보면 주요한 혁명에 한민족이 중요한 구실을 한 사실에 놀라게 된다. 2007년 두 번째 안식년을 중국에서 보내며 마오쩌둥이 국민당군의 추격을 피해 도망 다닌 대장정을 두 달 동안 따라갔다. 《아리랑》의 주인공인 김산의 아들도 만났지만, 중국 혁명, 특히 장정에 참여한 한인들 이야기가 인상 깊었다. 장정에는 한인 30명이 참가했는데, 28명이 죽고 2명만 살아남았다. 양림은 장정군의 최정예 대원으로 진사강 도하 작전 등 주요 전투의 선봉에 섰다. 다른 한 명인 무정은 보기 드문 포병대 대장으로 활약했다. 또한 국민당 총재이자 중국 대륙의 지배자인 장제스를 납치해 국공합작을 이끌어낸 시안 사변에도 한인들이 큰 구실을 했다. 장쉐량의 정예 부대로, 시안에 자리한 장제스 관저를 습격한 특공대에 한인들이 포함돼 있었다.

러시아도 마찬가지다. 시베리아 횡단 열차를 타고 가면 바이칼호 동남쪽에 부랴트 공화국이 나온다. 이 공화국의 수도인 울란우데의 광장에는 1920년 7월에 세운 높은 탑이 있는데, 그 탑에는 익숙한 한글이 새겨져 있다. 고어체로 쓴 '공산주의를 위해 목숨을 바친 사람들에게'다. 시베리아 철도 건설에 참여하고 있던 한인 노동자 1만 명, 몽골 노동자, 중국 노동자 등은 1917년 러시아 혁명을 적극 지지했다.

동시베리아 울란우데 시 혁명광장에 서 있는 혁명열사비(왼쪽)와 혁명열사비에 새겨진 글(오른쪽).

반혁명군인 백군을 도우러 이 지역에 참전한 일본을 상대로 한 전투에서 노동자 병사 10만 명이 목숨을 잃었다.

중국 혁명과 러시아 혁명은 그나마 한반도에 가까운 곳에서 일어났지만, 태평양 건너 지구 반대쪽에 있는 쿠바 혁명에도 한민족의 족적이 깊이 새겨져 있다니 놀랍기만 했다. 이제 애니깽 3세, 4세는 900여 명이 살아남아 있다. 아바나 시내에 사무실까지 만들어 한인후손회를 운영한다고 한다. 그곳에 들러 애니깽 후손들이 들려주는 생생한 이야기를 듣고 싶었지만, 일정 때문에 함께하지 못했다. 망국의 고통속에 생존을 위해 화물선에 실려 몇 달간 고생하며 태평양을 건너 멕

시코에 왔다가 다시 이곳 쿠바까지 팔려온 한 많은 삶을 되새기면서
가신 이들의 명복을 빌었다.


## 북한 유학생에서 한류 세대로

애니깽 이민으로 인연을 맺은 뒤 어언 100년이 지난 지금, 한국과 쿠
바의 관계는 어떠한가? 한국 여권은 189개국을 무비자로 입국할 수
있어 190개국 무비자인 일본에 이어 세계 여권 중 둘째로 가치 있다
고 한다. 그만큼 한국의 외교적 위상이 높아졌다는 이야기다. 그런 한
국인이 많이 방문하는데도 아직 외교 관계를 맺지 않은 나라가 있다.
바로 쿠바다.

　쿠바는 같은 사회주의 국가인 북한의 처지를 고려해 한국하고
수교를 맺지 않고 있다. 쿠바에 입국하는 한국인은 문제가 생기면 멕
시코 대사관이나 아바나에 있는 대한무역투자진흥공사ᴷᴼᵀᴿᴬ를 방문
하라는 핸드폰 문자를 받는다. 북한과 쿠바는 '반미자주의 소국'이라
는 동병상련의 관계다. 게바라는 혁명 직후인 1960년 평양을 방문해
북한을 '쿠바가 따라가야 할 모델'이라고 칭찬했다. 카스트로도 1986
년 북한을 방문했다. 피델, 그리고 피델의 동생인 라울 카스트로에 이
어 얼마 전 쿠바의 최고 지도자가 된 미겔 디아스카넬Miguel Diaz-Canel 국
가평의회 의장은 2018년 11월 첫 해외 순방에 나섰다. 순방국은 베네

수엘라, 러시아, 중국, 북한이었다. 북한 최고 지도자 김정은을 만나 악수하는 사진이 한국에도 크게 보도됐다.

현실은 다르다. 북한과 쿠바는 형식적 동맹국일 뿐 교류는 거의 없다. 반면 쿠바 여행은 한국인이 꼽는 '여행 로망'의 하나다. 쿠바에는 한국 여행자가 넘쳐난다. 젊은 쿠바인들 사이에는 한국 드라마와 케이팝 같은 한류가 유행하고, 거리에는 1950년대 미국 앤티크 자동차와 소련제 자동차에 이어 현대와 기아 등 한국산 자동차가 흔히 눈에 띈다. 이런 모순된 관계를 잘 보여주는 사례가 우리 일행을 안내한 현지 가이드 세 명이다.

산티아고데쿠바부터 아바나까지 쿠바 횡단 여행을 안내한 에벨

한국어 티셔츠를 입은 쿠바의 한국어 가이드.

리오 두에나스와 아바나에서 안내를 맡은 페트리샤는 오누이 사이다. 외교관인 아버지를 따라 어릴 때(1987~1993년) 북한에 가서 한국어를 공부했다. 두 사람은 쿠바로 돌아와서 관영 여행사에 취직해 영어 가이드와 러시아어 가이드로 일하다가, 한국인 관광객이 늘어나면

서 2000년부터 북한에서 배운 한국어를 특기로 삼아 한국어 가이드로 변신했다.

쿠바에는 한국어를 할 줄 아는 여행 가이드가 여덟 명 있는데, 그중 일곱 명은 북한에서 한국어를 배웠다. 일곱 명 중에서 두 명은 나이가 많아 은퇴하고 두 명은 미국으로 이민해서, 이제 우리 가이드를 맡은 두에나스 남매 등 세 명만 남아 있다. 이 일곱 명은 북한에 살면서 한국말을 배운 만큼 나이가 꽤 들었지만, 나머지 한 명은 젊은 편이었다. 우리를 호텔에서 공항으로 안내한 젊은 가이드는 북한 유학이 아니라 한국 드라마를 보면서 한국어를 배웠다. 가이드도 북한 유학생에서 한류 세대로 세대교체가 일어나고 있다.

# 가난하지만 행복한 쿠바의 오늘

정덕래 아바나 코트라(KOTRA) 관장 인터뷰

파노라마 호텔은 아바나의 카리브 해 순환도로에 자리한 관광호텔이다. 가까운 곳에 큰 슈퍼마켓이 있는데, 그 옆을 지나다 보니 커다란 삼성 간판이 눈에 띄었다. 잘 꾸며진 삼성 코너에는 갤럭시 9의 가상 현실을 실험하는 젊은 손님들이 많았다. 쿠바 사람들이 사기에는 너무 비싸 대부분 구경하는 사람이다. 쿠바 젊은이들 사이에는 이런 상황을 빗댄 유행어도 있다. "야, '삼성 박물관' 구경 갈래?" 삼성 매장은 물건을 사러 가는 곳이 아니라 구경만 하는 박물관이라는 이야기다. 슈퍼마켓을 나와 코트라 아바나 지사를 찾아가 정덕래 관장을 만났다.

**쿠바에 온 지 얼마나 됐나? 쿠바와 한국의 경제 교류는 어떤가?**

3년 됐다. 우리 기업들은 연간 6500만 달러를 수출하고 200만 달러 정도를 수입해서 쿠바의 28번째 교역국이다. 쿠바 호텔의 텔레비전이 거의 한국산이고, 한국산 전기 제품과 전자 제품이 인기를 끌고 있다.

**쿠바의 주요 교역국은 어디인가?**

차베스가 집권한 뒤 쿠바에 석유를 싸게 공급한 베네수엘라가 제1의 교역국이었는데, 베네수엘라 경제가 엉망이 된 뒤 2위로 떨어졌다. 지금은 중국이 과거의 소련을 떠올리게 할 정도로 많은 원조를 제공하는 등 선두를 차지하고 있다. 이런 특수 관계 때문에 관광버스는 전부 중국산이다. 북한은 중요한 동맹국이지만 교역은 거의 없다. 쿠바는 무역에서 70~80억 달러 정도 적자를 내는 만성 적자국이지만, 관광 수입 30억 달러, 미국 이민 친지들의 송금 30억 달러, 의사 수출 등으로 적자를 메우고 있다,

**한국 상품이 너무 비싸서 경쟁력이 없다는데?**

쿠바 정부가 무역을 독점하고 가격을 결정하기 때문에 어쩔 수 없다.

**한류는 어떻게 생각하나? 쿠바에서 하는 한국어 교육은?**

과장된 측면이 있다. 외국 문물을 동경해 중국 문화와 일본 문화도 이미 유행한 적이 있다. 국제교류재단이 교수 한 명을 보내 정원이 50명 정도 되는 한글학교를 운영한다. 외국어대학에 중국어과와 일본어과가 있는데, 우리도 처음에는 대학에서 강의를 열었다. 외압 때문에 대학 강의는 폐강했고, 대학 밖에서 저녁에 강의를 한다.

**라틴아메리카의 오랜 유희 문화, 쿠바인들의 낙천성 등을 고려할 때 중**

**국이나 베트남 같은 경제 모델은 어려울 듯한데?**

나도 어렵다고 생각한다. 시스템 이상으로 사람 자체가 다르다. 특히 카리브 해 사람들이 그런 듯하다. 좀더 잘살기 위해 더 일할 수 있지만, 삶의 기본 가치가 훼손되지 않는 선에서 그럴 뿐 그 수준을 넘어서서 일하지는 않는다. 개성공단 같은 근면한 노동, 그런 모습은 어렵지 싶다. 가난해도 자기 삶을 즐기고, 행복 지수도 우리보다 높다.

# 9장

# "잘하고 있어, 피델"

쿠바 혁명 루트를 따라 혁명의 시발점인 산티아고데쿠바를 떠나 시에라마에스트라 게릴라 본부와 산타클라라와 히론을 거쳐 아바나에 입성했다. 다른 곳은 모두 처음 가보지만, 아바나는 18년 전에 들른 곳이었다. 그동안 얼마나 달라졌는지 비교하고 싶었다.

## 호세 마르티, 쿠바의 호찌민

"고양이와 쥐를 찾아라."

2000년 쿠바에 와서 가장 먼저 한 일은 엉뚱하게도 아바나 시내에서 고양이와 쥐 찾기였다. 박정희 정권은 쥐잡기 운동을 벌여 숙제로 쥐를 잡아 꼬리를 잘라 오라고 시켰지만, 새로운 세기에 '고양이와 쥐 찾기 운동'이라니. 소련과 동구가 몰락하면서 경제가 어려워진 아바나 시민들이 고양이와 쥐를 다 잡아먹었다는 소문 때문이었다. 그만큼 쿠바 경제가 어렵다는 이야기였다.

18년 전의 아바나는 소련과 동구가 붕괴한 뒤 생존을 위해 허덕이는 도시였다면, 이번에 찾은 아바나는 여유가 넘쳤다. 아바나의 최고의 '인생 숏' 핫 스폿인 혁명광장은 그대로 있었다. 내무부 건물 외벽에는 검은 네온으로 만든 게바라의 거대한 초상이 위용을 뽐내고 있었다. 18년 전에 이 초상을 배경 삼아 게바라 티셔츠를 입고 게바라 모자를 쓴 채 찍은 사진이 신문에 실려 화제가 된 적도 있다.

건너편에 서 있는 엄청난 크기의 호세 마르티 동상과 기념탑도 마찬가지였다. 무려 140미터나 되는 기념탑과 그 앞에 서 있는 거대한 호세 마르티 동상은 카스트로가 혁명을 성공한 뒤 자기가 정치범으로 수감돼 있던 피네 섬에서 가져온 대리석으로 만들었다.

기념탑에 들어가면 관련된 전시물들을 볼 수 있다. 엘리베이터를 타고 꼭대기로 올라가면 시내가 다 내려다보이는 아바나 최고의 전망대가 있다. 아바나 시내를 구경하고 내려오자 내 이름을 인쇄해서 '호세 마르티 학교 수료증'을 만들어준 일이 기억났다.

쿠바 출신 언론인이자 19세기 스페인어권의 가장 뛰어난 문필가로 평가받는 마르티는 15살에 혁명 운동을 하다가 체포됐다. 스페인에서 공부하면 충성심이 생기리라고 판단한 스페인 정부는 마르티를 스페인으로 추방한다. 스페인에서 공부하며 여러 언론에 쿠바 독립의 필요성을 알리는 글을 쓰던 마르티는 법대를 졸업한 뒤 쿠바로 돌아오려 했지만, 당국이 허가하지 않자 멕시코와 과테말라에서 집필 작업을 이어갔다. 1878년 1차 독립 전쟁이 끝나고 쿠바로 돌아오지만 변호사 개업을 거절당하자 뉴욕으로 가서 라틴아메리카 여러 나라의 영사 겸 여러 언론사의 특파원으로 일하며 독립운동을 펼쳤다.

마르티는 쿠바혁명당을 만들고 미국 전역과 중미를 다니며 독립 운동을 위한 강의와 모금 활동을 펼쳤다. 뉴욕으로 망명한 뒤에도 독립운동을 계속하던 마르티는 1895년에 2차 독립 전쟁을 할 준비가 끝났다고 판단해서 도미니카로 간다. 그해 4월 1일 유서하고 함께 그

18년 전처럼 우뚝 서 있는 호세 마르티 동상과 기념탑.

동안 여러 매체에 쓴 글들을 정리해달라는 부탁을 비서에게 남긴 채 쿠바로 향했고, 한 달 뒤 전사했다. 머나먼 남미의 투사를 기리며 마르티의 시를 노래로 만든 〈관타라메라〉를 흥얼거렸다.

나는 야자수 나라에서 온 진지한 사나이라네 Yo soy un hombre sincero

죽기 전에 내 영혼의 노래를 함께 나누고 싶다네 De donde crecen las palmes

관타나메라 과히라 관타나메라 Y antes se morime quiero

관타나메라 과히라 관타나메라 Y antes se morime quiero

......

나는 이 땅의 가난한 이들하고 Con los pobres de la tierra

운명을 같이하려 한다네 Quiero yo mi suerte echtar

저 산의 시냇물들이 El arroyo de la sierra

바다보다도 나를 즐겁게 한다네 Me complace más que el mar

## "잘하고 있어, 피델" ― 시엔푸엔고스의 동지 카스트로

뭔가 변한 점이 있었다. 내무부 건너편 건물에 또 다른 사람의 얼굴이

정보통신부 건물에 설치된 시엔푸에고스 네온사인.

게바라처럼 검은 네온으로 크게 만들어져 있었다. 게바라와 카스트로의 혁명 동지인 카밀로 시엔푸에고스였다. 시엔푸에고스는 카스트로나 게바라처럼 세계적으로 알려진 인물은 아니지만 쿠바 혁명의 일등공신이며, 쿠바에서는 아주 존경받는 혁명가다. 멕시코 망명 시절부터 혁명에 참여한 시엔푸에고스는 게바라하고 함께 1958년 12월 31일에 산타클라라를 탈환했으며, 게바라하고 함께 가장 먼저 혁명군을 이끌고 아바나에 입성하는 등 혁혁한 공을 세웠다. 카스트로는 혁명에 성공한 뒤 동생 라울이나 동지 게바라가 아니라 시엔푸에고스를 혁명군 총수로 임명했다. 이렇게 카스트로의 신뢰를 받은 시엔푸에고스는 안타깝게도 혁명에서 승리한 지 아홉 달 뒤 카마구에이에서 아바나로 돌아오던 중 비행기 사고로 실종됐다.

러시아 혁명의 블라디미르 일리치 레닌이나 레온 트로츠키, 중국 혁명의 마오쩌둥, 저우언라이, 덩샤오핑처럼 카스트로와 게바라 등 쿠바 혁명의 지도부가 모두 중산층 출신에 대학을 나온 '먹물'이라면, 시엔푸에고스는 가난한 봉제공의 아들로 태어나 중학교를 중퇴한 기층 민중 출신이었다.

스탈린에게 숙청되고 결국 암살된 비운의 혁명가 트로츠키를 다룬 전기를 써서 유명한 역사학자 아이작 도이처는 스탈린을 다룬 전기에서 1차적 계급 의식과 2차적 계급 의식을 구별했다. 1차적 계급 의식은 계급적 경험에서 우러나온다면, 2차적 계급 의식은 계급적 경험이 아니라 책이나 이야기 등 간접 경험을 통해 2차적으로 습득하는 계급 의식이다. 중산층 출신인 레닌과 트로츠키 등이 2차적 계급 의식에서 혁명에 참여했다면 스탈린은 출신 계급에 따라 1차적 계급 의식에서 혁명에 참여했다고 도이처는 설명했다. 레닌과 트로츠키는 중산층 출신이라 대의를 위해 혁명가의 길을 간 반면 스탈린은 혁명만이 출세의 길이라서 잔인하고 무자비하게 행동했다는 분석이다.

이런 분석을 빌려오면, 중국 혁명의 경우도 펑더화이 정도만 기층 민중 출신이고 마오쩌둥, 저우언라이, 덩샤오핑 등은 모두 중산층 출신이었다. 마오쩌둥은 집권 초기인 1950년대에 극좌적인 대약진 운동을 벌여 농촌이 붕괴하고 많은 농민이 굶어 죽었다. 중산층 출신의 혁명 지도부는 모두 침묵했지만 기층 민중 출신인 펑더화이는 마오쩌둥을 공개 비판했다. 마오쩌둥의 눈 밖에 난 펑더화이는 문화혁명 때 가장 혹독한 고통을 당해야 했다. 시엔푸에고스는 쿠바 혁명가 중에서 드물게 스탈린이나 펑더화이처럼 출신 계급에 기초한 1차적 계급 의식에서 시작해 혁명에 참여한 투사였다. 그렇다고 시엔푸에고스가 스탈린이나 펑더화이처럼 쿠바의 다른 중산층 출신 혁명가들하고 다르게 행동했다는 이야기는 들어보지 못했다.

카스트로는 먼저 떠난 동지를 기리기 위해 20페소 지폐에 시엔푸에고스의 얼굴을 넣는 등 많은 노력을 기울였다. 2009년 10월에는 서거 50주년을 기념해 게바라의 얼굴이 설치된 내무부 건물 건너편의 정보통신부 건물 벽에 시엔푸에고스의 얼굴을 설치했다. 그 밑에는 필기체로 흘려 쓴 글씨가 보였다. '잘하고 있어, 피델Vas bien, Fidel.'

18년 만에 다시 찾은 혁명박물관. 볼거리가 더 풍성해졌다.

쿠바는 바티스타가 해외로 도주한 1959년 1월 1일을 쿠바 혁명 승리일로 기념하지만, 카스트로가 아바나에 입성한 날은 7일 뒤인 1월 8일이다. 1959년 1월 8일에 카스트로는 개선장군으로 아바나로 진군해 들어왔다. 혁명광장에는 많은 사람이 구름처럼 모여들어 바티스타 독재 정권을 타도한 혁명을 축하하며 카스트로가 할 연설을 기다리고 있었다. 드디어 카스트로가 등장해 특유의 유려한 연설을 시작했다. 그런데 갑자기 연설을 멈춘 카스트로가 옆에 있던 시엔푸에고스를 쳐다보며 물었다.

"카밀로, 나 어때?"

시엔푸에고스는 답했다.

"잘하고 있어, 피델!"

청중은 열광했다. '잘하고 있어, 피델'은 혁명의 유행어가 됐다.

혁명박물관도 진일보했다. 화사하게 새단장을 했고 전시물도 훨씬 많아졌다. 정글에서 게릴라전을 펼치는 카스트로와 게바라를 복제한 실물 크기 인형과 제너럴일렉트릭GE 등 1961년에 국유화한 미국 기업의 마크 등은 그대로 있었다.

바티스타 시절의 암울한 현실부터 혁명 과정을 시간순으로 잘 정리한 사진들이 많이 보강됐다. 3층에는 관람객이 기념사진을 찍을 수 있게 카스트로와 게바라가 멕시코에서 타고 온 요트 그란마 호 모형을 형형색색으로 만들어놓았다.

게바라 등 반군들의 활동을 묘사한 실물 크기 인형.

그란마 호 모형 앞에서 기념사진을 찍는 사람들.

새로 지은 건물에 전시된 그란마 호 실물.

혁명 60주년을 맞이하는 쿠바의 두 풍경. 해변을 걷는 젊은이들(위)과 선전 문구를 건 문화부 건물.

## 혁명의 진일보? 사회주의의 양극화?

지난번에는 보지 못한 그란마 전시관도 찾았다. 혁명박물관 뒤쪽에 따로 지은 건물에는 1956년 카스트로 일행이 멕시코에서 쿠바로 올 때 탄 그란마 호의 실물이 유리 속에 전시돼 있었다. 이 작은 배에 80명이 타고 카리브 해를 건너왔다니 믿기지 않았다.

카리브 해를 따라 해변 도로를 달리자 '쿠바 혁명 60주년'이라고 쓴 현수막이 나타났다. 문화부 건물이었다. 혁명 60주년이면 성대한 축하 행사를 할 텐데, 아직 시간이 남은 탓인지 이번 쿠바 여행에서 본 유일한 혁명 60주년 기념물이었다.

18년 전 구아바나 중심가에서는 낡은 1950년대 미국 자동차 정도가 볼거리였다. 이번에는 달랐다. 미국 의사당을 모방해 지은 의회 앞 중심가에는 깨끗하게 수리한 뒤 번쩍번쩍 윤을 낸 갖가지 색깔의 1950년대 미국 자동차들 수십 대가 일렬로 서서 손님을 유혹하고 있었다. 시간당 30~50달러를 받고 차를 빌려줬다. 그 덕에 이런 중고차 값이 올라 이제는 갓 출고한 새 차하고 비슷해졌다. 골동품 수집가들이 큰돈을 주고 사들여 미국으로 가져가려 했지만, 쿠바 정부는 쿠바의 역사라며 자동차 반출을 금지했다.

중심가 골목을 걸으며 보니 건물들이 외관은 똑같지만 페인트칠을 새로 했고, 상점들도 화려하게 바뀌었다. 유아용품 전문점, 전자제품 전문점도 눈에 띄었다. 생활 수준이 높아진 '중산층'이 늘어난

새단장한 골동품 자동차들이 줄지어 서 있는 아바나 중심가.

모양이었다. 일반인들이 드나드는 생필품 상점에는 여전히 조잡한 물건들이 진열돼 있었고, 그나마 이런 물건이라도 사려고 기다리는 긴 줄도 똑같았다. 그만큼 쿠바 사회도 양극화되고 있다는 이야기다.


## '포스트 혁명 세대'와 변화하는 쿠바 사회

골목으로 접어들어 가장 먼저 찾은 곳은 중간쯤에 자리한 대형 서점이었다. 18년 전 쿠바에서 경제적으로 놀란 점이 달러를 그냥 쓰는 모습과 미국 카드를 안 받는 모습이었다면, 정치적으로는 두 가지가 놀라웠다. 하나는 앞에서 이야기한 대로 카스트로의 동상이 하나도 보이지 않는 등 개인숭배가 없는 점이었다. 다른 하나는 예상하고 다르게 꽤나 자유로운 사회라는 점이었다.

  큰 서점에 가보니 애덤 스미스 등 '부르주아 이데올로그'들이 쓴 책도 팔고 있었다. 사회주의 국가에서 자본주의의 교주인 애덤 스미스라니? 진열된 책들도 더 다양해졌다. 서점의 얼굴이라고 할 수 있는 출입구 유리창에 자기들이 파는 전세계 유명 저자들의 이름을 써놓았는데, 미시마 유키오의 이름도 보였다. 도쿄 대학교 법대를 나온 심미주의 작가 미시마는 45세 되던 1970년에 무기력한 자위대에 각성을 촉구하며 할복자살한 극우파다.

  책뿐 아니라 여러 가지 자유가 18년 전보다 훨씬 확대된 듯했다.

아바나 시내 대형 서점에 진열된 다채로운 책들.

18년 전에는 외국 관광객이 갈 수 있는 곳이 아바나 근교로 제한됐고, 아바나 공항에서 시내로 들어오는 길목에 검문소가 있어 신원을 확인하고 통과시켰다. 일정을 마치고 멕시코로 출국하려 수속을 밟고 있는데 제복 입은 사람이 다가와 여권을 보자고 했다. 보안 요원이었는데, 온몸에서 술 냄새가 났다. 여권을 보여주자 횡설수설했다.

"한국에서 왔네. 남한에서 여기 뭐하러 왔어? 니들 스파이 아냐?"

조사받으러 취조실로 가자고 하니 황당하고 하늘이 노래졌다.

다른 동료들이 달려와 술이 취해 그렇다면서 우리를 보내줬다.

쿠바 곳곳을 다녔지만 어디에서도 검문이나 시비가 전혀 없었다. 외국 관광객의 동선을 철저히 통제하는 북한하고 다르게 시장경제와 개방 정책을 추구하는 중국이나 베트남하고 비슷했다. 내국인도 거주 이전에 제한이 없고 특별한 경우가 아니면 일반인도 여권을 발급받을 수 있으며, 비자만 받으면 해외 어디든 갈 수 있다고 한다.

유명 야구 선수들은 거액을 주는 미국 메이저 리그에 취업한다며 해외에 나간 뒤 도주하기도 해서 해외여행을 제한했다. 선수들은 목숨을 건 탈출을 하기도 했다. 우리에게 친숙한 야시엘 푸이그도 몇 번이나 망망대해를 건너 미국행을 시도하다가 실패했는데, 쿠바 정부가 아니라 미국 해안경비대가 잡아서 쿠바로 돌려보냈다. 2018년 쿠바 정부와 메이저 리그 사무국은 쿠바 선수들을 합법적으로 스카우트하기로 합의했다. 1980년 반정부 세력과 경제적 불만 세력 등이 쿠바를 탈출하려는 '쿠바판 보트피플'이 생겨나자 카스트로는 "쿠바를 떠나고 싶은 사람은 모두 떠나라"며 국경 해안 개방을 선언해 12만 5000명의 망명을 허용했다.

국제 인권 기관들은 쿠바에는 공산당이 일당 독재를 하고 있으며 언론의 자유와 집회의 자유가 없다고 평가한다. 이를테면 민주주의에 관련된 권위 있는 연구 기관 프리덤하우스가 2017년을 기준으로 쿠바의 민주주의를 평가한 결과를 보자. 정치적 자유는 일당 독재를 이유로 북한하고 같은 7등급을 주고, 사상과 표현과 집회의 자유

같은 시민적 권리는 북한보다는 한 등급 위인 6등급을 줬다. 반대 세력을 탄압하는 탓에 미국 등은 쿠바의 인권 문제를 계속 제기한다. 자유민주주의 체제 같은 언론의 자유나 집회의 자유는 쿠바에 아직 없을 수 있다. 그렇지만 서점에서는 보수적인 내용을 담은 책을 팔고 《시엔엔CNN》 등 서구 방송도 얼마든지 볼 수 있다.

여러 면에서 쿠바는 사회주의 국가치고는 자본주의 진영이 내세우는 가치인 자유민주주의가 중요시하는 개인의 자유에 '상대적으로' 관대한 나라다. 일찍이 종교의 자유도 허용해 1998년 요한 바오로 2세, 2012년 베네딕토 14세, 2015년 프란치스코 교황 등 교황이 세 차례나 쿠바를 방문하기도 했다. 마탄사스에서 들른 어느 개인 음식점은 외벽에 '종교, 문화, 희망'이라고 크게 써놓았다. 가게 앞에 백 개가 넘는 의자를 늘어놓은 한 식당은 멕시코 출신인 유명한 록가수가 출연하는 공연을 준비 중이었다.

쿠바 혁명 정부는 그동안 동성애를 자본주의의 퇴폐 문화로 규정했지만, 얼마 전부터는 관대한 태도를 보이기 시작해 동성애자를 처벌하는 관행이 사라졌다. 1960년생인 '포스트 혁명 세대'로 로큰롤을 좋아하고 성 소수자 권리를 옹호하는 등 개방적인 미겔 디아스카넬이 2018년 6월에 국가평의회 의장으로 선출된 뒤 동성 결혼을 허용하는 쪽으로 헌법을 개정하겠다고 발표하기도 했다.

디아스카넬은 다양한 개혁 정책을 제안했다. 쿠바 국가평의회도 헌법 개정안을 통과시켰다. 핵심은 네 가지다. 첫째, 사유 재산을 인정하고, 둘째, 최고 지도자 임기를 5년 연임으로 제한하고, 셋째, 인종, 성별, 성적 취향, 장애에 따른 차별을 금지하고, 넷째, 동성 결혼을 인정한다. 다만 막판에 카톨릭계가 반대해 동성 결혼은 2년 뒤에 있을 가족법 개혁 때로 미룬 개헌안을 2019년 2월 국민투표에 부쳐 찬성 87퍼센트로 통과됐다. 성 소수자 권리에 관련해서는 동성 결혼 허용은커녕 차별 금지조차 명문화하지 못하는 한국보다 쿠바가 훨씬 더 앞서 있다.

쿠바의 자유에 관해 생각하다가 북한이 떠올랐다. 북한의 '억압성'은 미 제국주의 등 외부 위협 탓이라는 주장이 있다. 근거가 없지는 않다. 미국 코앞에 자리한 쿠바는 미국에서 받는 위협이 북한보다 몇 백 배 클 수밖에 없다. 소련이라는 보호막이 사라진 1990년대부터는 특히 그렇다.

북한의 세습과 독재가 외부 위협 탓이라는 주장이 맞다면, 쿠바는 북한보다 백 배는 더 강하게 피델 카스트로 개인을 숭배하고 자유도 훨씬 더 많이 억압해야 했다. 그러나 쿠바는 북한 같은 개인숭배가 없고, 사회주의 국가치고는 여러 자유권도 상대적으로 잘 보장돼 있다. 북한의 억압성에 관한 '외부 책임론'이 문제가 많다는 사실을 보여주는 증거다.

뒷골목에서 만나는 쿠바. 제법 규모가 있는 정육점(위)과 원시적인 핸드폰 수리점(아래).

## 뒷골목 핸드폰과 인터넷

상점이 즐비한 큰길을 빠져나와 작은 골목으로 들어서자 예전보다는 나아졌지만 낡고 가난한 서민들의 삶이 나타났다. 냉장고가 널리 보급되지 않은 탓에 그날 잡은 싱싱한 고기를 그냥 걸어놓고 파는 정육점을 시작으로 민중들의 살가운 공동체가 나타났다. 구두 수선집 같은 낡은 탁자가 여러 개 놓인 가게에 사람들이 심심찮게 들어갔다. 자세히 보니 원시적인 핸드폰 수리점이었다. 저런 곳에서 21세기의 최첨단 기계인 핸드폰을 고치다니 믿기지가 않았다.

인터넷 열풍은 쿠바라고 해서 다르지 않았다. 밤늦게 호텔로 돌아오는 길이었다. 차창 밖을 보니 불 꺼진 극장 앞에 여러 사람이 모여 뭔가를 보고 있었다. 가이드는 인터넷을 하러 모인 사람들이라고 했다. 개인 주택에 인터넷이 설치되지 않는 쿠바에서는 인터넷을 하려면 공공장소로 가야 했다. 그나마 호텔에서도 1시간당 1쿡(1.2달러)씩 하는 카드를 사서 로비로 가야 겨우 인터넷에 접속할 수 있었다.

# 10장

# 강남 스타일과 쿠바 스타일

다시 살아나는 아바나 2

*Havana*

쿠바에 다시 오면서 세 가지를 꼭 하고 싶었다. 지난번에는 못한 일들이었다. 첫째, 유기농 농장 방문, 둘째, 관광 시설로 재정비한 별장 등 어니스트 헤밍웨이 유적 방문, 셋째, 전설의 음악 클럽인 부에나비스타 소셜 클럽의 연주 듣기다.

## '생태 도시 아바나'의 위기

소련과 동구가 몰락하면서 식량과 비료 등의 지원이 끊기자 쿠바는 생존을 위해 텃밭을 이용한 유기 농업을 발전시켰다. 그 결과 아바나가 21세기의 모범 생태 도시로 변모한 사실은 잘 알려져 있었다. 하루 시간을 내서 아바나 근교의 유기농 농장을 찾았다. 기초 단위 협동조합 농장UBPC인 종묘육성협동조합이라는 곳으로, 살세니 로페스 대표가 반갑게 맞아줬다. 로페스 대표는 유기농 농장을 돌면서 생태 농업 방식을 구체적으로 설명해줬다. 병충해는 농약을 쓰지 않는 대신 벌레가 싫어하는 냄새를 내는 나무를 심어 해결한다. 비료는 지렁이를 키워 만든 지렁이 비료와 음식물 쓰레기로 대체한다.

유기 농업 관련 강의를 하느라 한국에 두 번이나 다녀왔다는 로페스 대표는 한국이 기계화 수준은 높지만 화학 비료에 지나치게 의존한다며 걱정했다. 생태 농업이 발전하려면 소비자가 중요한데, 쿠바는 정부 보조금 덕에 유기농 제품이 가격 경쟁력이 있다고 설명했

유기농 농장에서 물 뿌리는 농부.

종묘육성협동조합 살세니 로페스 대표.

수레에 실린 싱싱한 유기농 채소.

다. 쿠바의 생태 농업도 두 가지 이유 때문에 위기를 맞고 있다는 걱정도 했다. 하나는 '농사는 노예의 일'이라는 선입견 때문에 젊은이들이 농업을 기피하면서 점점 더 심해지는 농업 노동자 고령화다. 다른 하나는 지구 온난화 때문에 심각해지는 기후 변화다. 21세기 농업의 새로운 모델로 주목받는 쿠바의 생태 농업도 지구 온난화 앞에서는 무력하기만 하다니, 답답한 일이다. 유기농 농장을 둘러보고 오는 길에 북한이 떠올랐다. 북한도 쿠바처럼 커다란 경제적 고통을 겪었다. 식량난도 마찬가지였다. 북한은 왜 쿠바처럼 유기농 농업 혁명을 통해 식량난을 해결하지 못했을까. 두 가지 생각이 들었다. 하나는 날씨다. 쿠바는 열대 지역이라 1년 내내 경작할 수 있지만, 북한은 겨울이 몹시 춥다. 다른 하나는 풀뿌리 공동체다. 아바나의 유기농 혁명은 활발한 풀뿌리 공동체들이 중심이 돼 진행된 반면 북한에는 이런 풀뿌리 공동체가 없었다.

## 암보스 문도스 호텔의 밍밍한 모히토

아바나를 대표하는 중요한 볼거리의 하나가 헤밍웨이 관련 유적이다. 헤밍웨이는 1932년부터 쿠바에 드나들기 시작해 1939년부터 20년 넘게 쿠바에서 거의 살다시피 했다. 대표적인 헤밍웨이 유적은 세 곳이다. 첫째, 초기에 장기 투숙하면서 매일 술, 특히 모히토라는 칵테일을 마신 아바나 중심가의 암보스 문도스 호텔, 둘째, 1939년부터 생활한 아바나 근교의 별장, 셋째, 낚싯배를 묶어두고 카리브 해로 낚시를 다닌 바닷가다.

암보스 문도스 호텔은 18년 전에도 가본 곳이다. 20세기 초에 지은 우아한 건물로, 1930년대 미국의 유명 배우와 예술가들이 단골로 찾던 곳이다. 헤밍웨이는 이곳에서 하루에 거금 1.5달러(손님을 데리고 오면 1.75달러)를 주고 7년간 장기 투숙하며 《누구를 위하여 종은 울리나》의 도입부를 비롯해 많은 글을 썼다. 1층 로비에는 전시된 기념사진들을 배경으로 인증 사진도 찍을 수 있다. 헤밍웨이가 머물던 511호는 지금은 '헤밍웨이의 방'으로 영구 보존돼 있는데, 아바나 구시가지와 요트를 정박해두던 아바나 항이 내려다보인다.

헤밍웨이 추모 여행 분위기를 내려고 아바나 시내가 내려다보이는 전망 좋은 옥상에서 작가가 즐기던 모히토 한 잔을 마셨다. 모히토는 쿠바를 대표하는 독주인 럼주에 얼음을 채우고, 라임주스를 짜 넣고, 설탕을 조금 넣은 뒤, 민트 잎을 넣어 으깬, 시원하고 기막히게 맛있는 칵테일이다. 18년 전에 처음 마시고는 이렇게 맛있는 술도 있을까 하고 반했는데, 이번에는 실망스럽게도 예전 같지 않았다.

암보스 문도스 호텔뿐 아니라 여러 곳에서 마셨지만, 쿠바를 대표하는 칵테일 모히토는 18년 전에 견줘 너무 맛이 없었다. '내 입맛이 변했나?' 카스트로의 연설문을 읽고서야 무릎을 쳤다. 죽기 전에 한 마지막 공개 강연에서 카스트로는 쿠바 사회주의의 적으로 세 가지

문도스 호텔 1층에 전시된 헤밍웨이 기념품.

를 꼽았다. 그중 하나가 부정부패였다. 대표적인 부정부패 사례가 바로 술이었다. 카스트로는 호텔 직원들이 모히토를 만들 때 고급 럼주는 빼돌리고 싸구려 술을 쓰는데다가 정량도 지키기 않는다며 비판했다. 술맛이 그래서 안 좋았다. 나중에 좋은 개인 식당에 가서 마신 모히토는 여전히 맛있었다.

소련과 동구가 몰락한 뒤 배급이 준 탓에 생계를 유지하느라 '작은 부패'들이 생긴 모양이었다. 쿠바 사람들은 배급 말고도 평균 20달러의 급여를 받는다. 이 돈으로 생활할 수 없기 때문에 국영 식당에서 계산하면 카드가 되는데도 안 된다고 하고 현금으로 받아 챙기는 등 '작은 부정'들이 일상화돼 있다고 어느 한국 기업인이 귀뜸했다. 모히토마저 사회주의 붕괴의 후폭풍을 맞고 있다고 생각하니 씁쓸하기만 했다. 맛이야 예전보다 훨씬 못했지만, 술은 술인지라 모히토를 마시니 좋았다. 알딸딸한 기분으로 또 다른 헤밍웨이를 찾아 떠났다.


## 어니스트 헤밍웨이 인 쿠바, 1939~1960

헤밍웨이의 별장은 시내에서 20여 킬로미터 떨어진 외곽 언덕의 전망 좋은 곳에 자리하고 있었다. 스스로 '핀카 비히아Finca Vigia', 곧 전망대 농장이라고 부른 곳이다. 쿠바 정부는 2010년에 이곳을 복원해서 '헤밍웨이 박물관'으로 운영한다.

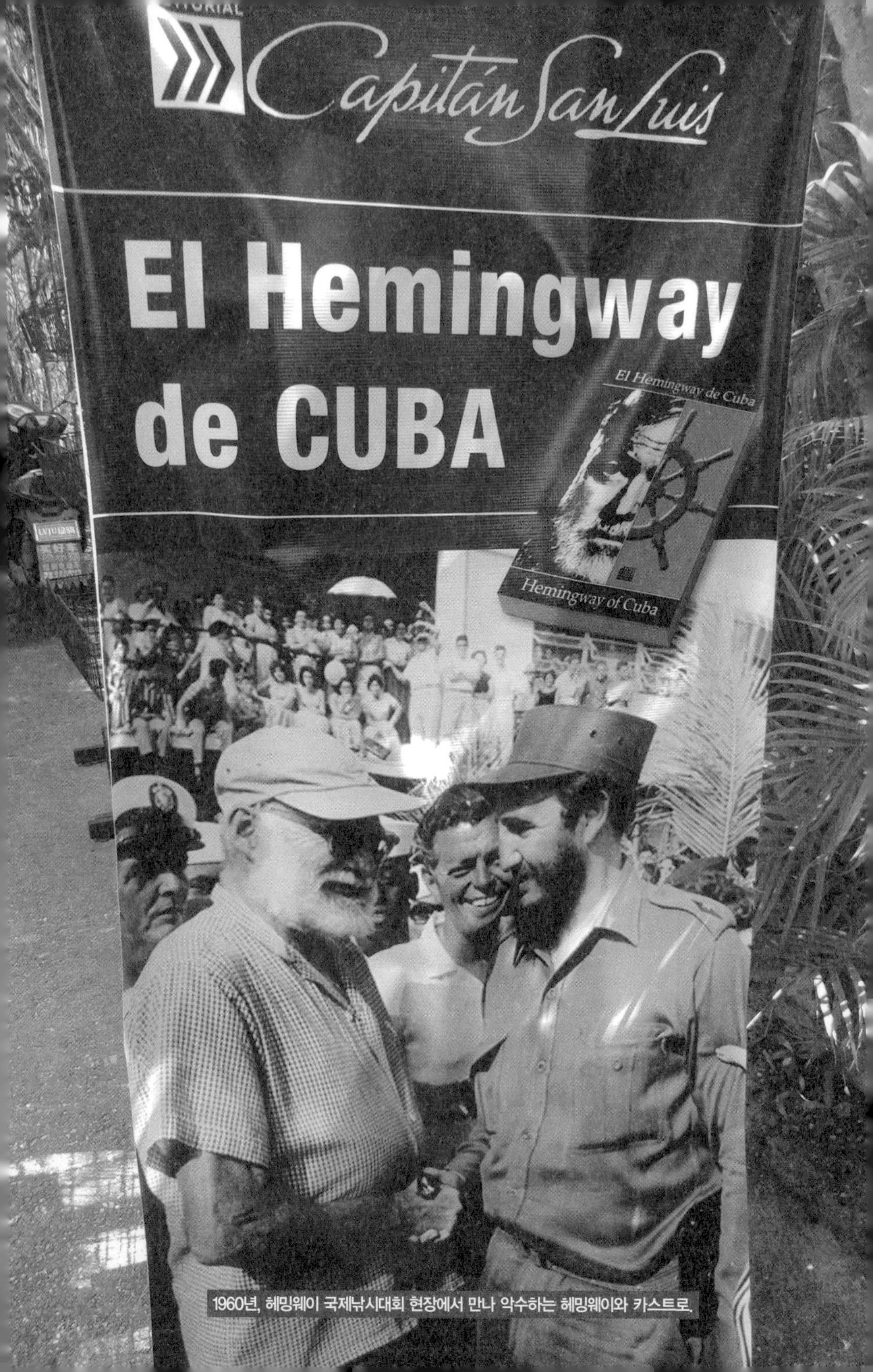


1960년, 헤밍웨이 국제낚시대회 현장에서 만나 악수하는 헤밍웨이와 카스트로.

19세기의 마지막 해인 1899년 미국 시카고 근교의 중산층 가정에서 태어난 헤밍웨이는 고등학교를 졸업한 뒤 바로 캔자스 주 지역 신문의 기자로 글을 쓰기 시작했다. 1차 대전에 적십자 소속 구급차 운전수로 자원 참전해 크게 다친 뒤 파리에서 지내며 전후 '로스트 제너레이션'의 문학적 풍토를 접했다. 그 과정에서 간결하고 힘 있는 자기만의 글쓰기 스타일을 개발했고, 참전 경험을 토대로 《무기여 잘 있거라》를 썼다. 그 뒤 여러 언론에 글을 싣고 소설도 쓰며 명성을 쌓다가, 종군 기자로 스페인 내전에도 참전했다.

낚시에 미쳐 플로리다 주 키웨스트에 살던 헤밍웨이는 1930년대 말에 사랑하는 낚싯배 필라Pilar를 끌고 아예 아바나로 이주한다. 새로 결혼한 셋째 아내 마타(헤밍웨이는 모두 네 번 결혼했다)가 호텔에서 지내기를 싫어해 마련한 곳이 바로 이 별장이다. 처음에는 세를 들어 살다가, 《누구를 위하여 종은 울리나》로 돈을 벌어 그때치고는 거액인 1만 2500달러를 주고 아예 사버렸다. 언덕 위의 별장으로 올라가니 카스트로와 헤밍웨이가 악수하는 커다란 사진이 가장 먼저 방문객을 맞이했다. 둘 다 한 덩치 하는 거구인 만큼 잘 어울렸다.

자유주의자인 헤밍웨이는 쿠바의 독재 정권을 싫어해 반군을 간접적으로 도왔는데, 그런 이유로 미국 연방수사국FBI의 존 에드거 후버 국장은 헤밍웨이를 요시찰 인물로 분류해 감시했다. 그러나 몇몇이 한 억측하고 다르게 헤밍웨이와 카스트로는 별다른 접촉이 없었다. 다만 이 사진은 혁명 뒤인 1960년 찍었다. 헤밍웨이가 1950년에

헤밍웨이 별장 처마에 달린 종은 누구를 위하여 울리나.

시작한 전통 있는 헤밍웨이 국제낚시대회에 카스트로가 참가한 모습으로, 이때 두 사람이 처음이자 마지막으로 만났다. 카스트로는 헤밍웨이에게 이렇게 고마움을 표했다고 한다.

"《누구를 위하여 종은 울리나》에 나오는 게릴라 전술이 쿠바 혁명 때 게릴라전에 도움이 됐습니다."

헤밍웨이 별장으로 올라가자 처마에 달린 종이 가장 먼저 눈에 띄었다. 머나먼 카리브 해에서 집 처마에 달린 종을 보니 신기했다. 이곳으로 이사한 뒤 직접 경험한 스페인 내전을 토대로 《누구를 위하여 종은 울리나》를 썼으니 딱 맞는 소품이기는 하다. 원래 있던 종인지, 아니면 쿠바 정부가 별장을 복원하며 단 종인지는 알 수 없었다. 종을 치면서 스페인 내전에서 목숨을 잃는 《누구를 위해 종을 울리나》의 주인공 로버트 조던과 스페인의 공화주의를 위해 세계 각국에서 달려와 목숨을 바친 사람들의 명복을 빌었다.

고등학생 시절 이 소설을 읽을 때는 조던과 마리아의 사랑만 눈에 들어올 뿐 작품 배경인 스페인 내전에는 관심도 없었다. 대학생이 돼서야 스페인 내전이 궁금해졌다. 프랑스 사람인 시몬 베유가 바르셀로나로 달려가 무정부주의자 부대인 클루나 부대에 합류한 이야기를 읽은 뒤였다. 스페인 내전이 터지자 파시즘에 반대해 민주주의를 지키기 위해 유럽과 미국, 쿠바, 멕시코 등 53개국에서 5만 9380명이 달려와 국제여단을 만들어 싸웠다. 그중 9934명이 목숨을 잃고 7666명이 부상했으니, 세 명 중 한 명이 죽거나 다친 셈이었다. 스페인 내전이야말로 국경을 넘어서 인류애에 바탕한 국제주의를 실현한 빛나는 정점이었다.

헤밍웨이는 16세기 영국의 성공회 사제 존 던이 쓴 시에서 이 작품의 제목을 가져왔다. 인류라는 공동체성을 아름답게 그린 시다. 공동체는 사라지고 만인에 맞선 만인의 투쟁과 각자도생식 무한 경쟁의 장으로 바뀐 시장 만능의 신자유주의 사회를 생각하면서 지금도 자주 암송한다.

그 누구든 그 자체로 완전한 섬이 아니다
모든 인간은 대륙의 한 조각이며, 전체의 일부다.
……
어느 누구의 죽음도 나를 감소시킨다.
왜냐하면 나는 인류 전체 속에 포함돼 있기 때문이다.
그러니 누구를 위해 종은 울리느냐고 묻지 마라
종은 그대를 위해 울리는 것이니

별장 안은 관광객이 출입할 수 없지만, 문을 모두 열어놓아 밖에서도 안을 훤히 볼 수 있었다. 사치스럽지는 않아도 널찍하고 부티가났다. 칠레에 가서 또 다른 노벨 문학상 수상자인 파블로 네루다의 집에 들른 적이 있다. 네루다가 노벨상 상금을 받아 장만한 집인데, 창문에서 태평양이 내다보이고 파도 소리가 들리는 바닷가에 있었다.

헤밍웨이 별장은 그곳보다는 못하지만 노벨 문학상 수상자의 집답게 경관도 좋고 아름다웠다. 소설가인 헤밍웨이와 시인인 네루다의 문학적 성과는 비교가 어렵지만, 삶을 놓고 보면 네루다가 한 수 위다. 목숨을 건 여러 차례의 종군과 아프리카 사파리 여행 등 헤밍웨이의 삶은 문학가치고 파란만장하고 화려했다. 그렇지만 극적인 삶, '스펙터클의 삶'이라는 면에서 최고 경지에 체 게바라가 있다면 바로 밑은 네루다이고, 헤밍웨이는 그다음이다.

네루다는 게바라나 헤밍웨이처럼 외모가 출중하지는 않아도 네 번이나 결혼하고 많은 염문을 뿌린 '연애 대장'이었다. 외교관으로 오래 일한 덕에 세계적인 수집광이기도 했다. 스페인 대사관에서 근무할 때는 스페인 내전에서 승리한 파시스트들이 공화파 수백 명을 처형하려 하자 배에 실어 구출한 남미판 쉰들러 리스트의 주인공이었다. 칠레공산당 소속 의원으로 활약하다 쿠데타 정부가 발부한 체포 영장을 피해 마약 밀매상만 다니는 눈 덮인 안데스 산맥 비밀 루트를 말을 타고 건너 아르헨티나로 망명했다.

네루다의 이야기는 매력이 많아 우편배달부와 우정을 다룬 〈일 포스티노Il Postino〉라는 영화도 만들어졌다. 정치 역정과 안데스 탈출 작전을 다룬 〈네루다〉라는 영화도 2017년 한국에 개봉됐다. 1970년 칠레 대통령 선거에 공산당 후보로 출마한 뒤 살바도르 아옌데 사회당 후보하고 단일화해 아옌데를 대통령으로 만들었다. 아우구스토 피노체트가 일으킨 쿠데타와 아옌데의 죽음을 지켜보며 슬퍼하다가 병에

걸려 세상을 떠나야 했다. 최고의 연애시부터 스탈린 문학상을 받을
만큼 급진적인 민중시까지 작품의 스펙트럼도 넓다.

오늘 밤 나는 쓸 수 있다 제일 슬픈 구절들을.


예컨대 이렇게 쓴다. "밤은 별들이 총총하고
별들은 푸르고 멀리서 떨고 있다."


밤바람은 공중에서 선회하며 노래한다.


오늘 밤 나는 제일 슬픈 구절을 쓸 수 있다.
나는 그녀를 사랑했고, 그녀도 때로는 나를 사랑했다.
— 〈오늘 밤 나는 쓸 수 있다〉


나는 민중을 위해 쓴다. 그들의
단순한 두 눈 비록 내 시를 못 읽을지라도
내 삶을 흔들었던 곡조, 한 줄의 시구 그들 귓가에
닿을 날 있으리니
— 〈유언〉


그래 나는 유죄다

내가 이루지 못한 그 모든 일 때문에

내가 씨 뿌리지 못하고 베어내고 측량하지 못하고

사람들이 대지에 살도록 격려하지 못한 일 때문에

— 〈소박한 기쁨〉


　　헤밍웨이 별장의 아름다움이 엉뚱하게 네루다의 별장을 떠올리
게 만들었다. 다시 거실로 눈을 돌렸다. 넓은 거실에는 헤밍웨이가 앉
던 소파와 아프리카에서 직접 사냥해서 잡은 동물 박제가 눈에 띄었
다. 헤밍웨이는 사파리를 좋아했다. 가장 많이 걸린 장식도 동물 박제

였다. 동물 대가리 박제를 자랑스럽게 곳곳에 장식해놓다니, 역시 옛날 사람이라는 생각이 들었다. 요즘 같으면 동물 생명권을 무시했다는 비판으로 난리가 날 텐데 말이다. 사실 헤밍웨이는 고양이와 개를 매우 사랑해서, 세상을 떠난 반려동물을 집에 묻고 묘비까지 만들어서 매일 산책하며 들렀다. 약육강식의 자연을 있는 그대로 느낄 수 있어서 사파리와 사냥을 좋아한다고 헤밍웨이는 설명하지만, 이런 모습을 보면 사파리 취미를 선뜻 이해할 수는 없다.

헤밍웨이의 서재는 글을 쓰는 사람이면 누구나 탐날 정도로 아름다웠다. 《누구를 위하여 종은 울리나》와 노벨 문학상을 안긴 《노인과 바다》 같은 명작을 바로 이곳에서 썼다. 헤밍웨이는 노벨상 메달을 쿠바에 기증하고 싶어했다. 그렇지만 독재자 바티스타에게는 주기 싫어서 산티아고데쿠바 교외의 작은 성당에 기증했고, 지금도 거기에 전시돼 있다. 서재에는 장서 3000권이 잘 꽂혀 있었다. 창밖이기는 하지만 자세히 훑어보니 재미있는 책이 많았다. 헤밍웨이는 이곳에서 작가로 지내면서도 2차 대전에 종군 기자로 참전해 훈장을 받는 등 기자로서 전세계를 누비기도 했다.

재미있는 곳은 욕실이었다. 욕실에는 헤밍웨이가 몸무게를 재던 체중계가 놓여 있었다. 하얀 벽에는 몸무게를 날짜별로 표시한 흔적이 보였다. 헤밍웨이는 모험적인 라이프 스타일 때문에 대중의 주목을 받고 인기를 끌었다. 어린 나이에 1차 대전에 참전해 다치는 등 부상을 달고 살았고, 나이가 들어서는 건강이 매우 나빴다. 2차 대전 뒤

집 뒤쪽에는 헤밍웨이가 기르던 개 네 마리의 무덤이 자리하고 아끼던 낚싯배가 전시돼 있다.

에는 유럽에서 대형 교통사고를 당해 큰 수술을 했고, 노벨 문학상을 받은 뒤에는 아프리카에 사파리를 가서 두 차례나 비행기가 추락해 죽다가 살아났다고 할 정도로 크게 다쳤다.

이런저런 부상의 후유증을 잊으려고 술을 더 많이 마시는 바람에 비만과 고혈압, 당뇨병이 악화했고, 가족력이 있는 우울증에 시달려야 했다. 술 때문에 생긴 비만을 걱정하면서 매일 목욕탕 벽에 몸무게를 표시한 모양이었다.

혜밍웨이는 쿠바 혁명 뒤 혁명 정부가 미국인의 재산을 몰수한다는 이야기를 듣고 1960년에 미국으로 돌아갔다. 영원히 돌아오지 못하리라고 생각하지는 않았다. 아이다호 주에 자리한 또 다른 별장에서 아바나를 그리워하며 에프비아이가 자기를 감시한다는 강한 피해망상 증세를 보이던 혜밍웨이는 아버지처럼 엽총으로 자살하고 말았다. 아버지가 세상을 떠나자 혜밍웨이의 딸은 케네디 대통령의 부인인 재클린에게 부탁해 이 집에 남아 있던 혜밍웨이의 육필 원고를 가져갔다. 쿠바 정부는 미국이 피그 만을 침공하고 혜밍웨이마저 세상을 떠나자 이 집을 몰수했다.


## 노인의 바닷가에 선 까까머리 고등학생

다음으로 찾아간 곳은 별장에서 그리 멀지 않은 바닷가. 버스를 내리자 가난하지만 안락한 쿠바의 시골 풍경이 펼쳐졌다. 가난한 이들의 집을 지나가자 조그마한 만이 나타났다. 끝 쪽에 언덕이 있고, 그 언덕 위에 부서진 옛 성벽의 잔해 같은 흔적이 보였다. 혜밍웨이가 낚싯배를 묶어놓던 곳이다. 겉보기에는 특별할 구석이 없는 평범한 바닷가지만, 근처에 설치된 혜밍웨이의 상반신 조각은 이곳이 혜밍웨이에 관련된 장소라는 사실을 알려줬다.

헤밍웨이는 이 바닷가에서 낚싯배를 관리해주고 낚시 개인 교사로서 낚시 비법도 가르쳐준 늙은 어부 카를로스 구티에레스의 삶을 토대로 《노인과 바다》를 썼다. 이 소설은 단순한 어부 이야기를 넘어서 인간의 의지와 삶에 관한 서사시다. 84일 동안 고기를 한 마리도 낚지 못한 늙은 어부 산티아고가 85일 만에 커다란 청새치를 만나 사투를 벌인 바다를 바라보고 있자니, 노인의 처절한 독백이 떠올랐다.

"내가 뭘 할 수 있는지, 뭘 인내하는지 저놈(청새치)에게 보여줄 거야 will show him what a man can do and what a man endures."

"사람은 망가트릴 수는 있어도 패배시킬 수는 없는 법이지A man can be destroyed but not defeated."

극장식 공연장에서 여전히 연주하고 있는 부에나비스타 소셜 클럽.

고등학교 교복을 입고 문학과 예술을 꿈꾸며 《노인과 바다》를 읽던 때가 엊그제 같다. 중학생 수준이면 이해할 수 있는 간단한 단어들로 심오한 이야기를 쓴 헤밍웨이의 능력에 감탄한 기억이 난다(헤밍웨이가 기자 생활을 한 경험 덕에 쉬운 글을 쓰게 된 사실을 내가 기자 생활을 해보고 알았다). 어느덧 나도 그 소설의 주인공만큼 나이가 들었으니 세월 참 빠르다! 노인의 독백처럼 나는 치열하게 살아온 걸까?

## 강남 스타일? 쿠바 스타일!

쿠바 하면 빼놓을 수 없는 것이 음악이다. 어디에 가도 음악을 연주하는 뮤지션들을 만날 수 있다. 가난하지만 삶을 즐기는 쿠바의 속살이다. 여행 내내 식사 때면 이런 음악을 감상할 수 있었고, 무더위에 지친 거리에서도 무명 악사들을 숱하게 만났다. 그래도 쿠바 음악을 대표하는 전설적인 부에나비스타 소셜 클럽의 음악을 직접 듣고 싶어 큰돈을 주고 연주회를 갔다. 이제 그 클럽은 사라졌지만, 그중 살아 있는 노익장 음악가들이 극장식 공연장에서 연주를 계속했다.

세계적인 명성답게 입장료가 비싸지만 세계 곳곳에서 온 청중이 가득 모였고, 음악도 좋았다. 언제 지나갔냐는 듯 꿈같이 시간이 흘렀다. 마지막에는 세계의 많은 공연장이 그러하듯이 사회자가 관객을 불러내어 어느 나라에서 왔는지 묻고 다들 알 수 있는 그 나라의 널리 알려진 음악을 연주해 춤을 추게 했다. 여러 나라 사람들이 불려 나가서 춤을 췄다. 그런데 사회자가 우리 쪽으로 다가오더니 나를 지명했다. 마지못해 무대로 나가자 마찬가지로 어디서 왔느냐고 물었다. 한국에서 왔다고 하자 화면에 태극기가 뜨고 싸이의 〈강남 스타일〉이 흘러나왔다.

오빠 강남 스타일, 강남 스타일.
오, 오, 오, 오, 오빠 강남 스타일.

나는 사회자가 건넨 카우보이모자를 쓰고, 텔레비전에서 보기는 했지만 직접 춘 적은 없는 말춤을 엉거주춤한 자세로 춰야 했다. 팔자에 없이 쿠바까지 와서 말춤이라니! 말춤을 추면서 '강남 스타일'과 '쿠바 스타일'을 생각했다. 사치스럽고 부유하지만 돈의 노예가 돼 세계 최고의 노동 시간과 산재율을 자랑하는 강남 스타일과 가난하지만 즐겁고 행복한 쿠바 스타일을, 그리고 쿠바의 라틴 사회주의를 생각했다. 강남 스타일이 과잉된 우리 사회에는 균형을 맞춰줄 수 있는 쿠바 스타일이 필요하지 않을까?

오빠 쿠바 스타일, 쿠바 스타일.
오, 오, 오, 오, 오빠 쿠바 스타일.

11장

# 혁명 60년의 빛과 그림자

즐거운 '라틴 사회주의'를 찾아

*Latin America Socialism*

새벽 세 시. 10박 11일의 쿠바 여행을 마치고 멕시코시티행 비행기를 타기 위해 아바나에서 30분 떨어진 호세 마르티 국제공항으로 향했다. 아직 깊은 잠에 빠져 있는 어두운 아바나 시내를 빠져나오며 쿠바 혁명 60년에 관해 곰곰이 생각했다.

## 혁명의 빛 — 굳건한 자주와 가난한 행복

카스트로와 게바라가 피로 일군 쿠바 혁명의 성과와 한계는 무엇인가? 깊이 생각할 필요도 없이, 가장 큰 성과는 자주다. 사실상 미국의 신식민지인 쿠바를 미국의 지배에서 해방시켰고, 미국의 침공과 암살 위협을 물리치며 주권을 지켜냈다. 소련과 동구가 몰락해 보호막이 사라진 상황에서도 세계 최강대국 미국이 재채기를 하면 날아갈 만한 가까운 거리에서 기나긴 경제 제재를 견디고 살아남아 당당하게 국교를 정상화했다.

또 다른 성과도 있다. 만인에 맞선 만인의 투쟁인 자본주의의 무한 경쟁에서 자유로운, 쿠바 특유의 낙천성과 라틴식 유희 정신을 지켜냈다. 평범한 쿠바 사람들의 넉넉한 웃음과 느긋함이, 경쟁에 찌들지 않은 건강한 표정이 이런 현실을 잘 보여준다. 이런 성과를 가능하게 해준 바탕은 의료와 교육 같은 '기본 욕구basic needs' 또는 기본적 사회권을 보장하는 사회 체계다. 의료와 교육은 쿠바 혁명의 가장 큰

평범한 쿠바 사람들의 넉넉한 웃음과 느긋함.

가난하지만 행복한 쿠바 아이들이 쿠바의 미래다.

성과다. 소련과 동구가 몰락하면서 체제의 존망을 걸고 모든 것을 포기해야 하는 '특별한 시기'에도, 카스트로는 "다른 것은 다 포기해도 이 둘은 지켜야 한다"고 강조했다. 쿠바는 국방비를 줄여서 부족한 의료 예산을 충당했다. 국방비를 줄여 의료비를 충당하는 나라, 그런 나라가 쿠바다.

무상 의료가 거둔 성과는 평균 수명과 영아 사망률이 잘 보여준다. 쿠바는 이 두 수치에서 모두 자본주의적 길을 가는 다른 라틴아메리카 국가들을 크게 앞서 있다. 선진국인 미국까지 앞선다. 쿠바가 일방적으로 하는 주장이 아니라, 시아이에이가 발표한 자료다. 2010년대 초 기준으로 쿠바의 평균 수명은 77.4세로, 미국보다 네 계단 앞선 52위다. 남미에서 경제가 가장 발전한 칠레(54위)나 아르헨티나(64위)보다도 앞선 순위고, 인접한 중미 국가들은 아예 비교가 되지 않는다. 중미의 경우 멕시코 71위, 엘살바도르 117위, 과테말라 141위다. 가까운 카리브 해 지역을 살펴보면 도미니카 99위, 자메이카 104위, 아이티 179위다.

영아 사망률도 마찬가지다. 영아 사망률은 아이들이 적게 죽을수록 좋기 때문에 순위가 낮은 쪽이 오히려 낫다. 2015년 기준으로 쿠바는 1000명당 4.3명으로 180위를 기록해 미국(167위)보다 아래다. 라틴아메리카 지역을 보면 가장 우수한 칠레(8.80명)가 160위이고, 중미는 멕시코(20.91명)가 122위, 과테말라 77위다. 카리브 해 지역은 도미니카 128위, 자메이카 112위, 아이티 40위다. 쿠바의 라틴아메리

국방비를 줄여 의료비를 충당하는 나라. 쿠바의 무상 의료는 혁명의 중요한 성과다.

카 의과대학교ᴱᴸᴬᴹ는 쿠바 국민뿐 아니라 외국인에게도 무상 교육을
실시해 쿠바와 제3세계의 의료 상황을 개선하는 데 기여하고 있다.

쿠바는 제3세계 의료 지원에 적극적이다. 베네수엘라에서 차베스

가 대통령이 돼 기층 민중과 빈곤층 대상 교육과 의료 지원 등 '볼리
바르 혁명'이라 불린 급진적 개혁을 추진하자, 쿠바는 대규모 의료진
을 파견해 지원했다. 세계적인 산유국인 베네수엘라는 보답으로 석유
를 보냈다. 또한 지우마 호세프 대통령 때인 2013년에는 '더 많은 의
사들Mais Medicos'이라는 프로그램을 도우러 브라질의 도시 빈민 주거지
와 아마존 오지 인디오 마을에 1만 명이 넘는 의사를 파견했다. 지금
이 의사들은 인구 2만 명이 안 되는 브라질 소도시에서 의료 수요의
80퍼센트를 떠맡고 있다.

교육도 쿠바 혁명의 중요한 성과다. 쿠바는 가난하지만 고등학
교까지 의무 교육이고 대학도 무상 교육이다. 돈이 없어 공부를 못하
는 일은 절대 없다. 비싼 등록금 때문에 최저 임금을 받으며 '알바 노
동'으로 밤을 새야 하는 한국 대학생들하고 많이 다르다. 지난날 박
근혜가 내건 반값 등록금 정책은 맞기도 하고 틀리기도 하다. 쿠바나
유럽처럼 대학 교육은 무상화가 맞다. 2018년 가을에 중간 선거에 관
련해 하버드 대학교가 실시한 여론 조사에 따르면, 보수적인 미국도
18~29세 유권자의 58퍼센트가 대학 무상 교육을 지지한다. 한국은
경제협력개발기구OECD 국가 중에서 아직 고등학교 교육을 무상화하
지 않은 유일한 국가다!

박근혜식 반값 등록금 정책은 등록금 인하 부담을 대학에 떠넘
겨 교수 채용이 중단되거나 개설 강의 수가 줄어 교육의 질을 떨어트
렸다. 반값 등록금 때문에 어려워진 대학 재정을 국가가 메우는 대신

사회적 통제를 강화해 대학 교육을 공영화해야 했다. 오이시디 국가들은 고등 교육 재정 국가 부담률이 66퍼센트인 반면 한국은 36퍼센트다. 얼마 전 교수 단체들이 모여 국내총생산GDP의 0.58퍼센트 수준인 고등 교육 예산을 오이시디 수준인 1.1퍼센트로 올리라며 시위를 했다. 2018년 정기 국회에서 시간강사 처우를 개선하라는 법이 통과되자 대학들은 시간강사를 대량 해고하고 있다. '시간강사 처우 개선법'이 '시간강사 대량 해고법'이 되는 곳이 대한민국이다. 정부는 고등 교육 예산을 늘려 대량 해고로 차세대 학문 기반이 붕괴하는 사태를 막아야 한다.

주요 교육 지표인 문자 해득률 국제 비교가 쿠바 혁명의 성과를 잘 보여준다. 유엔에 따르면 쿠바의 문자 해득률은 99.8퍼센트로 공동 세계 1위다. 100명 중 99.8명이 글을 읽고 이해한다. 한국과 미국은 공동 17위이고, 라틴아메리카는 아르헨티나가 54위, 칠레가 64위, 브라질(88.6%)이 95위다. 중미는 멕시코 82위, 과테말라 137위이고, 카리브 해 지역은 자메이카 122위, 아이티(54.8%) 154위다. 시아이에이 자료를 보면 순위는 다르지만 추세는 마찬가지다. 쿠바의 문자 해득률은 99.8퍼센트로 11위이고, 미국은 99퍼센트로 45위, 한국은 97.9퍼센트로 69위다. 라틴아메리카는 칠레 57위, 멕시코 118위, 브라질 132위, 과테말라 167위, 아이티 206위다.

소련과 동구가 몰락한 뒤 네 나라 정도가 사회주의를 추구한다고 주장한다. 북한과 중국, 베트남, 쿠바다. 중국은 시장경제를 적극적으로 추구하고 있지만 '중국 특색 사회주의'라고 주장한다. 또한 고구려가 중국의 지방 역사였다는 '동북공정'에 막대한 예산을 쏟아붓고, 학자 수백 명을 동원해 마르크스의 고전 등을 연구해서 자기들이 추구하는 시장경제도 마르크스가 제시한 사회주의라고 증명하려는 '마르크스 공정'을 벌인다.

중국하고 비슷한 노선을 추구해온 베트남도 중국처럼 자기들이 사회주의라고 주장한다. 그러나 시장경제를 적극적으로 추구하고 생필품도 국가 배급이 아니라 인민들이 사야 한다는 점에서 중국과 베트남은 사회주의라고 보기는 어렵다. 북한은 이렇게 적극적으로 시장경제를 추구하지는 않는다. 그러나 봉건 왕조를 떠올리게 하는 세습은 제쳐두더라도 고난의 행군을 거치며 기초 생필품 배급제가 무너지고 인민들이 의식주를 스스로 알아서 해결하게 하고 있다는 점에서 사회주의라고 보기 어렵지 않을까?

쿠바는 아직도 무상 의료와 무상 교육, 부족하지만 생필품 배급제 등을 유지한다는 점에서 실질적으로 지구상에 남은 유일한 사회주의 국가라고 봐야 하지 않을까?


## 혁명의 그림자 — 비효율, 부패, 불평등

혁명에는 빛만 있지 않다. 쿠바 혁명은 많은 어둠을 안고 있다. 정치적

차와 사람이 별로 없어 한적한 아바나 거리.

줄을 서시오! 부족한 물건을 사려면 늘 줄을 서야 한다.

민주주의, 곧 자유의 문제다. 흔히 사회주의는 빵의 문제인 사회권을 중시하고 사상과 표현, 언론의 자유 같은 자유권은 '부르주아적'인 요소로 봐 경시하는 경향이 있다. 실제 존재하던 사회주의 국가들도 그랬다. 미국 등 자본주의 국가들이 중국과 북한 등 이른바 사회주의 국가의 자유와 인권 문제를 비판하고 나서면, 사회주의 국가들은 으레 자유보다 생존권과 빵이 더 중요하다면서 미국 등 자본주의 국가들의 사회권 문제를 지적한다. 물론 빵과 생존권의 문제는 중요하다. 사회권이 뒷받침되지 않는 자유는 문제가 많다. 굶주리는 사람에게 자유는 사치로 들릴 수 있다. 살고 싶은 데에서 살 수 있는 거주 이전의 자유는 중요하지만 돈 없는 사람에게는 그림의 떡일 뿐이다. 이런 문제를 알고 있기 때문에 자유주의 진영도 한때는 자유를 단순히 하고 싶은 일을 못하게 제재하지 않는 '소극적 자유'를 넘어서 이 자유를 실질적으로 도모할 수 있는 '적극적 자유'를 추구하려 했다. 프랭클린 루스벨트가 주장한 기아에서 벗어날 자유, 곧 행복 추구권이 그것이다(이런 적극적 자유는 마거릿 대처와 로널드 레이건이 내건 작은 정부론과 시장 만능의 신자유주의론 이후 자취를 감췄다).

사회권이 중요하고 자유는 둘째 문제라는 생각은 잘못이다. 자기가 하고 싶은 것을 하고, 말하고 싶은 것을 말하고, 믿고 싶은 것을 믿는 사상, 표현, 결사, 언론의 자유 등 자유는 빵 못지않게 중요하다. '진정한 사회주의'는 사회권만이 아니라 자유권도 보장해야 한다.

길거리에서 쓰레기를 주워먹으며 살고 있는 꽃제비 등이 보여주듯 북한은 자유권뿐 아니라 최소한의 빵과 생존권의 문제조차 해결하지 못하고 있다는 점에서 변명거리가 별로 없다. 쿠바는 의료와 교육에서 거둔 성과가 보여주듯이 북한하고 다르게 인민들의 생존권은 해결해주고 있다. 자유권이 부족한 상황에 관해 나름대로 할 말이 있는 셈이다. 그렇기는 해도 자유라는 측면에서는 아직도 문제가 많다. 사회권 보장으로 덮고 넘어갈 문제는 아니다.

물론 혁명 전의 쿠바가 자유로운 나라가 아니었고, 혁명의 전복을 호시탐탐 노려온 미국의 위협도 분명히 현존한다. 또한 쿠바가 북한 등 다른 사회주의 국가에 견줘 개인숭배도 없고 상대적으로 자유와 소수자의 권리를 보장하고 있는 점은 높이 평가해야 한다. 그러나 전지구적으로 보면 쿠바의 자유는 아직도 문제가 많다.

쿠바 혁명의 가장 큰 그림자는 낙후와 가난이다. 쿠바 어디를 가나 서민의 삶은 낙후하고 가난이 묻어난다. 소련과 동구가 몰락하기 전만 해도 쿠바 경제는 괜찮았고 민중의 삶도 좋았다. 어느 면에서는 한국과 쿠바가 비슷하다. 한국이 냉전의 최전선에 자리해서 미국이 막대한 원조를 퍼부었듯이, 미국 코앞에 있다는 전략적 필요성 때문에 소련은 쿠바를 아낌없이 지원했다. 풍족하지는 않지만 정부 배급을 받아 그런대로 살 수 있었다.

소련과 동구가 몰락하면서 모든 것이 달라졌다. 소련의 원조가 끊기면서 쿠바는 혹독한 생존의 시간을 거쳐야 했다. '특별한 시기'라는 이 생존 위기의 시기도 지나가고 관광 수입 등으로 경제가 좋아졌지만, 민중의 삶은 여전히 고달프기만 하다. 소련과 동구가 몰락하기 전에는 배급으로 충분히 먹고살았지만, 쌀을 12킬로그램에서 6킬로 그램으로 줄이고 설탕을 6킬로그램에서 3킬로그램으로 줄이는 등 정부가 배급을 절반으로 줄인 때문이었다. 이제 한 달의 반은 배급으로 견디고, 나머지 반은 시장에서 물건을 사서 살아가야 했다.

쿠바에는 두 가지 페소가 있다. 달러로 환전이 되는 '쿡CUC'이라는 태환 페소와 일반인이 쓰는 페소다. 쿡으로는 돈만 있으면 뭐든 살 수 있을 정도로 물건이 넘쳐난다. 일반 페소가 통용되는 생필품 가게는 전혀 다르다. 물건이 있기는 하지만 뭘 사려면 긴 줄을 서야 하고, 품질도 나쁘다. 여행 내내 그런 광경을 직접 봤다. 월 20~30달러의 급여를 받는 일반인은 여기에서 부족한 물건을 사서 살아가야 한다. 쿠바의 낙후와 가난은 시골을 지나가는 교통수단을 보면 잘 알 수 있다. 거리에는 우마차와 낡은 버스 등 낙후와 가난이 철철 묻어난다.

이런 현실을 전제로, 다만 겉으로 보이는 가난을 그대로 받아들여서는 안 된다는 이야기를 덧붙이고 싶다. 평범한 쿠바인이 대개 20~30달러를 월급으로 받는데, 일인당 지디피로 환산하면 500달러 미만이다. 중남미에서도 꼴찌 수준이다. 국제통화기금IMF이 발표한 2016년 기준 일인당 지디피를 보면, 남미는 칠레 1만 3576달러(57위), 아르헨티나 1만 2778달러(59위), 브라질 8727달러(72위)고, 중미는 멕시코 8554달러(73위), 엘살바도르 4343달러(104위), 과테말라 4088 달러(107위)고, 카리브 해 지역은 자메이카 4930달러(99위) 등이다.

쿠바는 어떨까? 이 통계에 쿠바는 들어 있지 않다.

여기서 놀라운 사실을 발견했다. 코트라가 발표한 자료에 따르면 쿠바의 일인당 지디피는 1만 2565달러였다. 라틴아메리카에서 가장 높은 아르헨티나에 맞먹는 수준이다. 쿠바 정부도 아니고 코트라가 수치를 뻥튀기해 발표할 리 없지만, 이상해서 문의해봤다. 의료와 교육 등 쿠바가 자랑하는 무료 서비스를 돈으로 환산하면 이런 수치가 나온다고 했다. 1만 2565달러라는 숫자에 연연할 필요는 없다. 다만 눈에 보이는 가난한 쿠바의 이면에는 인간이 최소한으로 누려야 하는 사회적 기본권이 충족되는 현실이 숨겨져 있다는 점을 잊지 말아야 한다는 이야기다.

쿠바가 안고 있는 문제는 단순히 가난이 아니다. 카스트로는 마지막 공개 연설에서 경고했다.

"쿠바 혁명이 마주한 가장 큰 위협은 미국 같은 외부가 아니라 내부에 있다. 바로 비효율, 부패, 불평등이다."

카스트로는 이런 점에서 존경할 만하다. 다른 지도자라면 최대의 적은 미 제국주의라며 외부로 책임을 돌릴 텐데 카스트로는 그렇게 하지 않았다. 사실 이 세 문제는 성격이 다르다. 앞의 두 문제는 전통적인 쿠바 사회주의의 병폐라면 불평등은 이 병폐를 고치기 위해 도입한 시장경제와 자본주의가 가져온 결과다.

그중에서도 가장 심각한 문제는 '비효율'이다. 가난은 단지 사회주의 체제의 비효율이 가져온 결과일 뿐이다. 좌파 이론은 '사회주의는 단순히 자본주의보다 평등할 뿐 아니라 더 효율적이고 더 생산성이 높다'고 주장했다. 그러나 역사는 그렇지 못했다. 그 결과가 소련과 동구의 몰락이다.

마오쩌둥은 사회주의가 자본주의보다 생산성이 떨어지는 이유는 이윤 동기에 따라 움직이도록 교육받기 때문이라고 비판하면서, 문화혁명을 통해 이기심이 아니라 인류애와 이타심에 따라 더 열심히 일할 수 있는 새로운 인간을 만들려 했다. 환자를 고치는 일은 돈벌이가 아니라 인간을 구하는 직업이라고 생각하는 '맨발의 의사'들을 키워서 산간벽지로 내려보냈다. 의술은 90살에 죽을 부자 한 명을 100살까지 살게 만드는 재주가 아니라 60살까지 살 수 있는 가난한 사람 90명이 의료 부족으로 40세에 죽는 비극을 막는 일이어야 한다고 주장했다. 인간의 가치관을 형성하는 데 결정적인 구실을 하는 가정, 학교, 언론을 근본적으로 뜯어고치지 않으면 인간 개조는 어렵다고 생각한 마오는 문화혁명을 일으켰다. 자식이 부모를, 학생이 선생을 고발했다. 지도자와 지식인들은 혹독한 자기비판을 하고 농촌으로 내려가 기층 민중에게서 배워야 했다. 사회의 상층부를 밑으로, 아래로 푼다는 '하방 운동'이다. 이 시도는 실패했다. 그런 사고가 가져온 극단적 결과가 인간 개조라는 이름 아래 많은 사람들, 특히 지식인을 집단 학살한 캄보디아의 킬링필드다.

인간의 가치를 바꾸는 일은 중요하다. 황금만능의 삶, 일의 노예인 호모 파베르, 일의 노예를 넘어선 호모 루덴스, 화려한 강남 스타일을 벗어나 공동체와 인류애와 삶의 질을 추구하는 삶, 가난하지만 행복한 쿠바 스타일을 추구해야 한다. 그러나 20세기 이탈리아의 좌파 사상가 안토니오 그람시가 이야기한 대로, 이런 목표는 시민사회에서 언론, 문화 활동, 서클, 다양한 모임 등을 기반으로 오랫동안 '진지전'을 벌여 달성돼야 한다.

사회주의는 결국 '평등하지만 비효율적이고 가난한 체제'가 되고 말았다. 쿠바가 대표 사례다. 스스로 사회주의라고 주장하는 나라 중 시장경제를 적극 추진하는 중국과 베트남은 이제 '평등하지만 비효율적이고 가난한 나라'가 아니라 '효율적이고 부유하지만 불평등한 나라'에 가깝다. '평등하면서 효율적이고 부유한 사회'는 아직까지는 존재하지 않는 이상일 따름이다. 그나마 현존하는 사회 중에서 이런 목표에 가장 가까운 곳은 자본주의 체제이지만 사회주의적 요소를 많이 도입한 북유럽 국가들이다. 자본주의 국가치고는 평등하면서도, 기업 운영에 관련된 주요 결정에 노동자가 직접 참여하는 작업장 민주주의를 통해 생산성과 효율성까지 높은 부유한 사회이기 때문이다.

## 시장경제와 자본주의 — 이중 삼중의 분절화와 모순의 대두

쿠바가 이런 비효율과 낙후를 벗어나려고 도입한 시장경제와 자본주의는 새로운 문제를 일으키고 있다. '자본주의를 통해 사회주의를 지

앤틱 자동차들이 달리는 도심.

낮은 마차와 최신형 관광버스가 공존하는 시골길.

키겠다'는 모순된 전략은 쿠바를 경제 위기에서 벗어나게 해줬지만, 동시에 불평등이라는 심각한 문제를 불러왔다(물론 그 불평등이 아직은 시장경제를 오래전부터 적극 추진한 중국이나 베트남 수준은 아니다. 중국은 불평등을 측정하는 지니 계수가 0.5를 넘어서 대부분의 '악덕 자본주의' 사회보다도 불평등한, '사회주의가 아닌 사회주의'가 되고 말았다). 한때 학자들은 남미를 선진적인 '근대 부문'과 낙후한 '전통 부문'으로 나뉜 '이중 구조'로 분석한 적이 있었다. 현재의 쿠바도 그런 듯하다. 쿠바의 이중 구조는 '관광 부문'과 '비관광 부문'이다. 관광 부문은 선진적 문명을 다 누리며 엄청난 부를 축적하고 있다. 쿠바의 이중 구조를 가장 잘 보여주는 사례가 여행 도중에 자주 마주치게 되는 최신형 관광버스와 낡은 현지 교통수단의 대비다.

어느 연구자가 지적한 대로 쿠바는 국가 부문, 민간 부문, 비공식 부문의 3중 구조로 분절화되는 중이다. 전통적인 국가 부문 말고도 시장화 때문에 새로 생겨난 자영업자 등 민간 부문과 관광 산업에 관련해 팁 등 관리가 어려운 지하 경제 등 비공식 부문이 빠르게 성장하고 있다. 커다란 개인 식당은 한 달에 수만 달러를 벌어들이고, 관광 가이드는 일반인이 받는 몇 달 치 월급을 하루에 팁으로 챙기고 있다. 가이드가 일정액을 국영 여행사에 내면, 여행사는 그중 30퍼센트 정도를 정부에 내서 의료와 교육 등에 쓰고 나머지는 직원들에게 나눠준다. 가이드가 벌어들이는 수입은 이 돈을 빼고도 엄청나다. 관광 부문 일자리가 한국의 사법고시 이상으로 들어가기 어려운 '신의 직장'

이 되고 있으며, 관광버스 기사를 하는 명문대 졸업생도 적지 않다.

　시장경제의 도입은 쿠바에 새로운 문제들을 일으킨다. 하나는 자본주의적 소비문화와 소비주의의 확산이다. 소비주의가 확산하면서 혁명 정신으로 뭉치던 공동체가 빠르게 해체되고 있다. 다른 하나는 인종 문제의 대두다. 쿠바는 일찍이 받아들인 아프리카계가 인구의 다수를 차지해 인종 문제가 상대적으로 덜했다. 그러나 관광과 개방이 백인 위주로 진행되고 아프리카계가 배제되면서 인종 간 격차가 깊어지면서 갈등이 깊어지고 있다.

## 아디오스, 쿠바! 비바, 쿠바!

얼마 전 집권한 미겔 디아스카넬 국가평의회 의장이 개방에 속도를 더하겠다고 약속한 만큼 이런 흐름은 더욱 거세질 듯하다. 자본주의보다 더 효율적이고 부유한 사회주의가 가능하지 않은 현실 속에서, 쿠바의 '자본주의화'는 속도가 문제일 뿐 불가피한 추세로 보인다. 이런 자본주의화 때문에 쿠바가 중국처럼 악질 자본주의보다 더 불평등한 '사회주의 아닌 사회주의'가 되지 않기를 쿠바를 떠나며 빌었다.

　진보 운동이 폭발한 1990년 초반 진보적 소장 정치학자들의 모임인 한국정치연구회 회장을 여러 해 한 적이 있다. 연구회에서 《8억 인과의 대화》 등을 통해 일찍이 중국 사회주의에 눈뜨게 해준 리영희 선생님을 모시고 특강을 들었다. 노교수는 그날 소련과 동구의 몰락을 지켜본 진보 지식인의 고뇌를 털어놓았다. '맨발의 의사'와 공동체가 이타심으로 똘똘 뭉쳐 재난을 극복한 대표 사례라며 당신 스스로 소개한 당산 대지진을 다시 생각하게 됐다는 이야기였다. 극우 반공 체제 아래에서 평생을 사회주의를 지지하며 살아온 노학자의 고뇌 어린 고백이 지금도 생생하다.

"시장경제가 도입된 뒤 당산에 가보니 사람들이 다들 돈독이 올라 돈벌이 경쟁에 눈이 멀어 있었다. 당산 대지진의 신화는 당산 시민들이 탐욕 때문에 타락할 기회가 봉쇄된 덕에 가능한 신화에 불과하다. 나는 최근 들어 그동안 인간의 이기심을 과소평가하고 살아왔다는 것을 절감한다. 인간의 이기심을 생각할 때 사회주의는 불가능한 체제다. 그러나 사회주의적 이상을 포기할 수는 없다. 우리는 70퍼센트의 이기심과 30퍼센트의 사회주의적 이상, 곧 이타심과 공동체적인 인류애를 가지고 나가야 한다고 생각한다."

나이가 들면서 좋아하게 된 말이 있다. 괴테가 《파우스트》 11장에서 이성과 이론을 신봉하는 젊은 학생에게 메피스토펠레스라는 악마의 입을 빌려 한 말이다.

"젊은 친구여, 모든 이론은 회색이고 영원히 푸른 것은 생명의 나무일세."

중요한 것은 이론이 아니라 살아 있는 현실이다. 현실이 그렇지 않은데, 사회주의가 이론상 아무리 뛰어나고 옳으면 뭐하나.

가난하지만 삶을 즐기는 라틴 사회주의의 일상.

　　리영희 선생님의 마지막 고백처럼 사회주의는 불가능할지 모르
지만, 사회주의가 아무 의미가 없다는 이야기는 아니다. 최소한의 정
치적 이상, 자본주의 병폐를 교정할 수단, 나아가 여기에서 인류와 지
구를 구할 수 있는 균형추로서 사회주의는 여전히 유효하다. 아니 그
어느 때보다도 절실하다. 우리는 강남 스타일 일변도를 벗어나 70퍼
센트의 강남 스타일과 30퍼센트의 쿠바 스타일이 필요하다. 아니 60
퍼센트의 강남 스타일과 40퍼센트의 쿠바 스타일, 더 나아가 50퍼센
트의 강남 스타일과 50퍼센트의 쿠바 스타일이 필요하다.

쿠바는 반대로 강남 스타일의 폭발이 아니라 70퍼센트의 쿠바 스타일에 30퍼센트의 강남 스타일이 필요한지도 모르겠다. 지금보다는 부유해지되, 의료나 교육 같은 기본 욕구에 관련해 그동안 쿠바가 지켜온 인간적 가치들을 훼손하지 않고 특유의 라틴적 유희 정신과 넉넉함이 파괴되지 않을 만큼만 부유해져서, 가난하지만 자기 삶을 즐기며 살아가는 '라틴 사회주의'를 더욱 발전시키기를 빌고 또 빌었다. 머나먼 볼리비아 정글에서 게릴라전을 벌이던 체 게바라가 동지들에게 남긴 마지막 부탁, 다른 것은 몰라도 '새로운 착취자'가 되지는 말라는 말이 떠올랐다(이산하 엮음, 《체 게바라 시집》의 〈먼 저편〉에서 인용).

먼 저편
— 미래의 착취자가 될지도 모르는 동지들에게

지금까지
나는 동지들 때문에 눈물을 흘렸지,
결코 적들 때문에 눈물을 흘리지는 않았다.
오늘 다시 이 총대를 적시며 흐르는 눈물은
어쩌면 내가 동지들을 위해 흘리는 마지막 눈물이 될지도 모른다.

……

비록 그대들이 떠나 어느 자리에 있든

이 하나만은 약속해다오.

한때 그대들이 신처럼 경배했던 민중들에게

한줌도 안되는 독재자와 제국주의의 착취자처럼

거꾸로 칼끝을 겨누는 일만은 없게 해다오.


……


동지들이 떠난 이 산은 너무 적막하구나.

먼 저편에서 별빛이 나를 부른다.


　　아바나 공항을 떠났다. 게바라와 내가 품은 기우가 단순히 기우
에 그치기를 바라며 쿠바에 마지막 작별 인사를 했다.


"잘하고 있어, 쿠바."

"아디오스, 쿠바!"

"비바, 쿠바!"

아메리카 대륙은 우리하고 밀접한 관계가 있다. 세계를 지배하는 나라이자 일제 강점기부터 분단, 해방, 한국전쟁에 이어 현재에 이르기까지 우리 역사에서 떼어놓을 수 없는 나라인 미국이 자리잡고 있는 대륙이다. 이 책의 주제인 쿠바도 여기에 자리한다.

잘 알려져 있듯이 최소한 1만 5000년 전인 빙하기에 아시아인들이 베링 해를 건너 아메리카 대륙으로 이주했다. 아메리카 대륙을 여행하면서 이 대륙이 동심원 같다는 사실을 알게 됐다. 잘록한 중앙아메리카를 중심으로 반으로 접으면 양쪽이 비슷하다. 남미의 최북단은 북미의 최남단하고 비슷하고, 남미의 끝은 북미의 끝하고 아주 비슷하다. 기후대가 각각 열대와 한랭 지대이기 때문이다. 남미 끝인 파타고니아에 있는 박물관에 가면 백인들에게 학살돼 이제는 거의 사라진 원주민의 사진을 만날 수 있는데, 이 사람들은 우리가 알래스카 등 북아메리카의 북쪽 끝에서 보는 에스키모하고 복장과 용모가 똑같았다.

1492년 크리스토퍼 콜럼버스가 이 대륙, 정확히 말해 이 대륙에 딸린 섬 쿠바에 도착한 사실을 두고 서구가 우리에게 가르친 대로 아메리카를 '발견'했다고 이야기할 수는 없다. 이런 시각은 전형적인 서구 제국주의, 식민주의의 관점이다. 콜럼버스가 도착한 때 최소 약 1000만 명에서 최대 1억 2200만 명의 원주민이 이미 이 대륙에 살고 있었다. 북아메리카만 해도 200만 명에서 1800만 명에 이르는 원주민이 살았다. 콜럼버스는 아메리카 대륙을 '발견'한 것이 아니라 '정복' 또는 '침략'했다. 중립적으로 말하면, 아메리카에 '도착'했다.

아메리카 대륙에 자리한 많은 나라들은 콜럼버스가 아메리카 대륙에 도착한 10월 12일을 '콜럼버스의 날'로 정해서 경축한다. 특히 미국은 1971년부터 10월 둘째 월요일을 '콜럼버스의 날'로 지정해 공휴일로 삼았다. 그러나 원주민들과 의식 있는 시민단체들이 원주민을 모독하는 짓이라고 비판하기 시작하자 콜로라도 주 덴버 시는 콜럼버스의 날을 취소했다. 볼리바르 혁명을 통해 21세기형 사회주의 모델로 한때 주목받은 베네수엘라의 우고 차베스 대통령은 서구가 저지른 학살 때문에 1억 명에 이르던 원주민이 300만 명으로 줄

어든 인류 역사상 최대의 인종 학살이 시작된 날이라며 이날을 '원주민 저항의 날'로 지정했다. 또 다른 아메리카 국가들도 이날을 기념하지 말라고 촉구했다. 2004년 베네수엘라에 갔을 때 놀란 일의 하나가 바로 이 문제였다. 수도 카라카스 중심가에 몸통은 사라지고 받침대만 남은 동상이 있었다. 콜럼버스의 동상을 의식 있는 젊은이들이 한밤중에 몰래 철거해버린 모양이었다. 이런 흐름에 자극받아 최근에는 덴버, 알바커키, 시애틀 등 미국의 몇몇 진보적 도시들이 이날을 '원주민의 날'로 선포했다.

아메리카 대륙에 관한 우리의 지식은 대부분 제국주의와 식민주의의 시각에 물들어 있다. 아메리카라는 명칭부터 그렇다. 콜럼버스 다음으로 '신대륙'을 항해한 이탈리아인 아메리코 베스푸치의 이름을 딴 이름이니 제국주의적 용어다. 이 대륙을 처음 발견한 사람의 이름을 따서 대륙 이름을 정한다면, 당연히 이곳에 먼저 도착한 아시아계 원주민의 이름이나 그 부족 이름을 따야 하지 않을까? 신대륙 이름이 콜럼버스가 아니라 아메리카가 된 사연도 재미있다. 주요 지도 제작자인 프랑스 지도 회사가 어쩐 일인지 아메리코의 이름을 따 신대륙을 아메리카로 표시한 지도를 판매하면서 아메리카가 됐다. 이 회사는 뒤늦게 아메리카를 콜럼버스로 바꾸려 했지만 이미 아메리카라는 이름이 널리 알려져 수정 계획을 포기했다. 지도 회사의 엉뚱한 실수가 신대륙의 이름을 아메리카로 만들어버렸다.

이 아메리카 대륙 또는 미주 대륙은 북아메리카(북미), 남아메리카(남미), 중앙아메리카(중미), 카리브 해로 구성돼 있다. 쿠바가 자리한 카리브 해는 중미에 포함시키기도 하고 북미를 뺀 지역을 합쳐서 중남미로 부르기도 한다. 중남미, 정확히 말해 이 대륙에서 북미의 캐나다와 미국을 뺀 멕시코부터 남쪽 끝까지를 부르는 이름이 라틴아메리카인데, 이 말도 다시 한 번 생각해봐야 한다. 우리는 유럽에서 영어권인 영국이나 독일과 북유럽에 견줘 프랑스, 스페인, 포르투갈, 이탈리아 등 남유럽을 라틴 유럽 또는 라틴계라고 부른다. 여기에서 연유해 영국 식민지인 미국과 캐나다를 뺀 멕시코 이남의 나라들을 묶어 스페인, 포르투갈, 프랑스 등 라틴 유럽의 식민지라는 의미에서 붙인 이름이 라틴아메리카다. 따라서 제국주의가 내재한 용어다. 이 이름 대신 중남미라는 용어를 쓰고 싶지만 멕시코는 북미라는 점에서 정확하지 않은 용어다. 멕시코가 북미자유무역협정(NAFTA)에 가입한 점을 떠올리면 이해하기 쉽다.

인디언이라는 말도 문제가 많기는 매한가지다. 콜럼버스가 아주 비싼 값에 팔리던 후추를 찾아 후추 생산지인 인도로 가려고 항해하다가 발견한 곳이 신대륙이었고, 이 신대륙을 인도인 줄 잘못 알고 원주민들에게 붙인 이름이 바로 인디언이었다. 신대륙의 원주민을 '인도 사람'이라고 부르는 셈이니 말도 되지 않는 모욕적인 이름이다. 한국을 모르는 외국인이 우리 보고 일본인이라고 부르면 우리 기분이 어떨까? 이런 문제 때문에 요즘은 아메리카와 인디언을 합쳐 아메인디언(Ame-Indian)이라고 부르기도 하지만, 근본적인 문제를 해소하지는 못하고 있다.

마지막으로 생각해야 할 문제는 '지도의 제국주의'다. 공처럼 생긴 3차원의 지구를 2차원의 평면 지도로 만드는 일은 불가피하게 일정한 '왜곡'을 동반할 수밖에 없다. 현재 세계적으로 가장 많이 쓰는 표준 지도는 1569년에 헤라르뒤스 메르카토르가 만든 메르카토르(Mercator) 지도다. 500년 넘게 쓰인 이 지도는 북반구에서 지구를 바라본 탓에 북반구가 실제보다 훨씬 더 크게 보인다. 미국과 캐나다 등 북미와 유럽이 실제보다 훨씬 크게 보이는 반면 남미와 아프리카는 실제보다 훨씬 작게 보이게 만들어진 '제국주의적 시각'이자 서구 중심적 시각에 바탕한다.

사실 갈 때마다 느끼지만 로스앤젤레스에서 비행기를 타고 남미로 가는 길은 생각보다 훨씬 멀고 오래 걸린다. 실제 크기를 반영한 골-피터스(Gall·Peters) 지도는 긴 남미 대륙을 난쟁이로 만든 문제를 해결했다. 미국 동부 보스턴 시의 시교육청은 2017년 교과서 속에 숨겨진 제국주의적 흔적들을 바로잡는 '교육의 탈식민지화' 프로그램에 따라 메르카

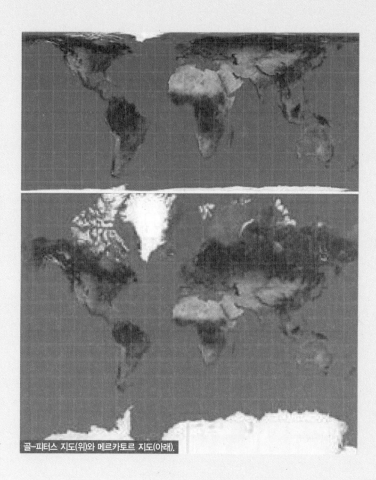

골-피터스 지도(위)와 메르카토르 지도(아래).

토르 지도 대신 골-피터스 지도를 교재로 쓰기로 결정했다.

라틴아메리카를 대표하는 음악은 살사다. 살사 음악가 중에서 수준 높은 선율에 묵직한 메시지를 노래해 '생각하는 사람들을 위한 살사'로 불리는 사람이 파나마 출신으로 하버드 대학교 법학 박사이자 파나마 대통령 선거에도 출마한 루빈 블레이드(Rubin Blades)다. 블레이드의 노래 중에 경쾌한 살사 리듬에 비판적 메시지를 던지는 〈아메리카를 찾아서(Buscando America)〉가 있다. 서구 제국주의에 파괴되기 전의 아메리카를 그리는 노래다. 이런 '해방'의 노래마저도 이 대륙을 제국주의의 이름인 '아메리카'로 부를 수밖에 없는 현실이 비극적이다.


**아메리카를 찾아서**


나는 아메리카를 찾고 있네
그리고 나는 결국 그것을 찾지 못할까봐 걱정이네
그 흔적들이 어둠속에 사라져버렸기 때문이네
나는 아메리카를 부르고 있네
그리고 그 대답은 내게 들리지 않는다네
진실을 두려워하는 자들이 그것을 실종시켜버렸기 때문이네

(중략)

아메리카여, 너는 납치당했다네
또 입에 재갈이 물렸다네

너를 해방시키는 것은 우리에게 달려 있다네
아메리카여, 너를 부른다네
우리의 미래가 기다리고 있다네
네가 죽기 전에 다들 내 수색 작업을 도와주게

나는 아메리카를 찾고 있네, 나는 아메리카를 부르고 있네 중남미에서 가장 열정적인 나라는 어디일까? 스테레오 타입의 위험이 있기는 하지만, 대부분 쿠바와 브라질을 꼽는다. 이런 상황은 이 두 나라가 원주민을 대부분 학살하고 아프리카 노예들을 들여온 대표적인 국가라는 지난 역사에 관련이 깊다. 두 나라 사람들에게는 뜨거운 아프리카의 피가 흐르고 있다.

중남미는 인종적으로 몇 가지 유형으로 분류된다. 쿠바와 브라질은 '아프리카 노예형'이다. 이 두 나라는 원주민이 거의 사라지고 아프리카계가 인구의 중요한 부분을 차지한다. 쿠바 인구는 1120만 명으로, 서울(970만 명)에 성남(100만 명)을 더한 수준이다. 그중 흔히 백인이라고 부르는 유럽계(스페인계)가 64퍼센트를 차지하지만 아프리카계도 9퍼센트 정도이고, 백인과 아프리카계 등의 혼혈이 27퍼센트다. 브라질은 백인 비중이 조금 낮아 47퍼센트이고 혼혈이 43퍼센트이지만, 아프리카계는 쿠바하고 비슷한 8퍼센트다.

중남미에는 쿠바와 브라질 같은 '아프리카 노예형' 말고도, 멕시코 같은 '표준형', 페루와 볼리비아 같은 '분리형', 아르헨티나와 칠레 같은 '제거형(또는 '학살형)', 아이티 같은 '아프리카계 노예 해방형'이 있다.

멕시코는 중남미의 대표적인 형태로서 백인과 원주민은 상대적으로 적고 인구의 절대다수가 메스티소라고 부르는 백인과 원주민의 혼혈이다. 백인(스페인계)은 10퍼센트이고 원주민이 28퍼센트인 반면 메스티소가 무려 62퍼센트를 차지한다. 5명 중 3명 이상이 혼혈이니, 원주민과 유럽계가 가장 활발하게 혼합된 '퓨전 사회'다.

페루와 볼리비아는 원주민과 유럽계가 많이 섞이지 않고 분리된 채 살아온 '분리형'이다. 잉카 제국의 수도이던 페루의 쿠스코는 숨쉬기가 어려운 해발 3399미터 안데스 산맥 안쪽 내륙에 자리하고 있다. 페루의 나머지 지역도 대부분 고산 지대다. 스페인계는 이곳에서 살기가 어려워 평지이고 스페인하고 쉽게 연락할 수 있는 바닷가인 리마에 수도를 건설했다. 그 덕에 원주민과 유럽계는 섞이지 않고 분리해서 살았다. 페루는 원주민이 인구의 절반 가까운 45퍼센트이고 혼혈이 37퍼센트다. 이 원주민이 인구의 절대다수를 차지하고 분리돼 살아온 덕에 페루에서는 일찍이 알베르토 후지모리 같은 유색 인종(일본계) 대통령이 나왔고, 두 나라 다 알레한드로 톨레도(페루)나 에보 모랄레스(볼리비아) 같은 원주민 출신 대통령이 나올 수 있었다.

아르헨티나와 아이티는 정반대의 극단이다. 아르헨티나와 칠레는 백인이 들어와 마푸체 같은 원주민들을 대부분 학살하고 백인이 인구의 다수를 차지했다. 아르헨티나는 인구의 90퍼센트 이상이 독일계 등 백인이다. 많은 나치 전범들이 2차 대전 패전 뒤 아르헨티나로 도주한 이유가 바로 이것이다. 하층 노동자들도 백인이고 인종 문제가 없는 만큼 아옌데 정권이라는 중남미 최초의 선거를 통한 사회주의 정권이 등장하는 등 중남미에서 유럽식 계급 정치가 가장 활발하게 일어났다.

아이티와 자메이카 등 카리브 해 국가들은 정반대다. 값싼 노동력으로 쓰려고 아프리카 노예들을 데려온 나라라는 점에서 쿠바하고 비슷하다. 그러나 트리니다드를 살펴보며 이미 이야기한 대로 아이티의 노예들은 1791년 혁명을 일으켜 노예제를 폐지하고 아프리카계 출신들이 스스로 다스리는 최초의 공화국을 세웠다. 이 혁명으로 노예와 농지를 잃은 프랑스인 등 유럽계는 쿠바로 탈출해 사탕수수 농장 등을 만들었다. 그 결과 아이티 등 카리브 해 국가들에서 인구의 절대다수는 아프리카계가 됐다.

| | 쿠바 | 브라질 | 멕시코 | 페루 | 아르헨티나 | 아이티 |
|---|---|---|---|---|---|---|
| 인구(만 명) | 1,120 | 21,170 | 12,300 | 3,220 | 4,390 | 1,080 |
| 원주민 | | | 28% | 45% | 2% | |
| 혼혈 | 27% | 43% | 62% | 37% | | |
| 아프리카계 | 9% | 8% | | 3% | | 95% |
| 유럽계 | 64% | 47% | 10% | 15% | 94% | |

| | |
|---|---|
| 1492년 | 크리스토퍼 콜럼버스, 쿠바 도착 |
| 1511년 | 스페인, 쿠바에 영구 진주 시작 |
| 1522년 | 최초로 아프리카 노예 도착 |
| 1776년 | 미국, 독립 선언 |
| 1791년 | 최초의 아프리카계 노예 혁명인 아이티 혁명 발생 |
| 1808년 | 토머스 제퍼슨, 미합중국에 쿠바 합병 의사 토로 |
| 1868년 | 카를로스 마누엘 데 세스페데스, 쿠바 최초의 노예 해방과 독립 선언(1차 독립 전쟁 시작) |
| 1878년 | 1차 독립 전쟁 패배 |
| 1895년 | 호세 마르티가 주도하는 2차 독립 전쟁 시작. 호세 마르티, 전사 |
| 1898년 | 미국 스페인에 전쟁 선포(스페인-쿠바-미국 전쟁 시작) |
| 1902년 | 쿠바 독립. 미국 관타나모 영구 점령과 대쿠바 군사 개입 권리 확보 |
| 1921년 | 한인 노동자 300명 멕시코에서 이주 |
| 1933년 | 풀헨시오 바티스타, 군사 쿠데타로 실질적 권력 장악 |
| 1940년 | 바티스타, 쿠바 대통령 당선 |
| 1944년 | 바티스타, 대선 패배 뒤 해외 망명 |
| 1952년 | 바티스타, 군사 쿠데타로 재집권. 헌법 정지 |
| 1953년 | 피델 카스트로, 몬카다 병영 공격 실패, 15년 형 선고 |
| 1955년 | 카스트로, 사면으로 출소 뒤 멕시코 망명해 체 게바라 만남 |
| 1956년 | 카스트로와 게바라, 쿠바로 돌아와 게릴라전 시작 |
| 1958년 | 혁명군, 공세에 나서 연말에 산타클라라 점령 |
| 1959년 | 1월 1일, 바티스타가 해외에 망명하며 혁명 성공 |

| | |
|---|---|
| 1960년 | 쿠바 정부, 미국 기업 국유화. 체 게바라, 북한 방문. |
| 1961년 | 미국, 대쿠바 국교 단절 뒤 피그 만 침공 |
| 1962년 | 쿠바 미사일 위기 |
| 1965년 | 게바라, 제3세계 혁명 위해 앙고라행 |
| 1966년 | 게바라, 볼리비아행 |
| 1967년 | 게바라, 사살됨 |
| 1968년 | 쿠바 정부, 사기업 국유화 |
| 1980년 | 항구 개방, 미국으로 12만 5000명 탈주 |
| 1988년 | 카스트로, 북한 방문 |
| 1991년 | 소련 붕괴와 경제 위기 시작 |
| 1993년 | 달러 사용과 관광 개방 등 '특별한 시기'의 특별 조치 실시 |
| 2004년 | 달러 사용 금지 등 특별 조치 일부 중단 |
| 2008년 | 카스트로 건강 악화, 동생 라울 국가평의회 의장 취임 |
| 2015년 | 버락 오바마, 마-쿠바 국교 회복과 쿠바 여행 규제 완화 |
| 2016년 | 카스트로 사망 |
| 2017년 | 도널드 트럼프, 쿠바 여행 규제 강화 |
| 2018년 | 6월 포스트 혁명 세대인 미겔 디아스카넬 국가평의회 의장 취임, 8월 동성애 허용 등 헌법 개정 추진 평양 방문. 도널드 트럼프, 쿠바 경제 제재 강화 |

### 라울 카스트로(Raul Catro, 1931~ )

카스트로 삼 형제의 막내다. 형인 피델 카스트로 같은 카리스마는 없지만, 혁명 초기부터 활동을 같이한 최고의 혁명 동지다. 쿠바공산당에 거리를 둔 형하고 다르게 일찍이 사회주의에 기울어 아바나 대학교 법대에 다니던 시절 공산당 하부 조직인 사회주의자 청년 조직에서 활동하다가 체포되기도 했다. 멕시코에서 게바라를 만나 피델 카스트로에게 소개하기도 했다. 형하고 함께 몬카다 공격에 참여했다가 체포돼 함께 투옥됐고, 함께 사면돼 같이 멕시코로 망명했고, 함께 쿠바로 돌아와 시에라마에스트라에서 게릴라 투쟁을 펼쳤다. 쿠바 혁명에 성공한 뒤 형을 돕다가, 2008년 형에 이어 국가평의회 의장에 올랐다. 형의 뒤를 이어 최고 지도자 자리에 올랐지만, 이런 경력을 고려하면 형의 권위에 기댄 '세습'이라고 볼 수는 없다. 10년 뒤인 2018년에 의장 자리를 포스트 혁명 세대인 미겔 디아스카넬에게 넘겼다.

### 미겔 디아스카넬(Miguel Diaz-Canel, 1960~ )

혁명 뒤 태어난 포스트 혁명 세대로, 전자공학을 공부한 뒤 30살이 넘어 뒤늦게 공산당에 입당했다. 로큰롤을 좋아하며, 올긴 주 당위원회 제1서기 시절에는 청바지에 자전거를 타고 다닐 정도로 자유분방했다. 라울 카스트로의 신임을 받아 고등교육부 장관과 국가평의회 부의장을 지냈고, 2018년에 국가평의회 의장에 올라 동성 결혼을 허용하는 개헌 등 개혁을 주도하고 있다.

### 풀헨시오 바티스타(Fulgencio Batisata, 1901~1973)

가난한 농부의 아들로 태어나 군에 입대했다. 중사로 복무하던 1933년에 정치적 혼란 속에서 '중사의 반란'을 일으켜 독재 정권을 무너트리고 실세로 떠올랐다. 1940년 대통령에 당선해 여러 가지 개혁을 시도하기도 했지만, 독재를 하는 바람에 1944년 대선에서 패배했다. 미국으로 망명을 떠나 그동안 모은 돈으로 플로리다 주에서 대규모 투자를 했다. 정치적 혼란 속에 1952년 쿠데타를 일으켜 다시 권력을 잡은 뒤 헌법을 정지시키고 독재를 했으며, 미국 마피아하고 결탁해 막대한 부정부패를 저질렀다. 이런 전횡은 민중의 저항과 카스트로의 혁명을 불러왔다. 반군이 승리한 소식을 듣고 1959년 1월 1일에 도미니카로 도주했다(미국과 멕시코는 입국을 거부했다). 그 뒤 똑같은 독재 정권인 포르투갈 정부가 망명을 허가해 그곳에 살면서 부정부패로 치부한 3억 달러(7억 달러라는 설도 있다)를 쓰며 호사스러운 삶을 누리다가 스페인에서 사망했다.

### 어니스트 헤밍웨이(Ernest Hemingway, 1899~1961)

19세기의 마지막 해에 시카고 근교의 중산층 가정에서 태어났다. 고등학교를 졸업한 뒤 캔사스 주의 지역 신문에서 기자로 일하며 글을 쓰기 시작했고, 1차 대전에 적십자 소속 구급차 운전사로 자원 참전해 크게 다쳤다. 유럽에 흥미를 느껴 파리에서 지내던 중, 전후 '로스트 제너레이션'의 문학적 풍토를 접한 뒤 간결하고 힘 있는 자기만의 글쓰기 스타일을 개발했다. 참전 경험을 토대로 《무기여 잘 있거라》를 썼고, 그 뒤 여러 언론에 기고하고 소설을 쓰며 명성을 쌓았다. 스페인 내전에도 종군 기자로 참전했다. 1930년대부터 낚시에 미쳐 1930년대 말 사랑하는 낚싯배 필라 호를 끌고 아예 아바나로 이주했다. 이곳에서 직접 경험한 스페인 내전을 토대로 《누구를 위하여 종은 울리나》(1940)와 《노인과 바다》(1954)를 썼다. 《노인과 바다》로 노벨 문학상을 받은 뒤 노벨상 메달을 쿠바에 기증하고 싶었지만, 독재자 바티스타에게는 주기 싫어 산티아고데쿠바 교외의 작은 성당에 기증했다. 반군을 간접적으로 도왔다는 설도 있지만 피델 카스트로하고는 직접적 연계가 없었다. 쿠바에 이주한 뒤에도 기자로서 전세계를 누볐다. 모험적인 라이프 스타일 때문에 부상을 달고 살았는데, 부상 후유증을 잊으려 술을 많이 마시는 바람에 비만과 고혈압, 당뇨에 더해 우울증에 시달렸다. 쿠바 혁명 뒤 미국인의 재산을 몰수한다는 이야기를 듣고 1960년에 미국으로 돌아갔다. 아이다호 주의 또 다른 별장에서 아바나를 그리워하다가 1961년에 엽총을 쏴 자살했다.

## 카를로스 마누엘 데 세스페데스(Carlos Manuel de Cespedes, 1819~1874)

쿠바 동부 바야모에서 부유한 사탕수수 농장주의 아들로 태어나 아바나 대학교를 졸업했다. 스페인으로 유학 가 변호사 자격을 획득하지만, 불온한 풍자시를 발표해서 두 번이나 추방당했다. 쿠바로 돌아와 무장 투쟁만이 쿠바가 독립할 수 있는 길이라고 생각해 바야모 근처에 농장을 사서 혁명을 준비했다. 1968년 10월 10일 노예들을 모아놓고 노예 해방과 쿠바 독립을 선언하는 〈자유의 함성〉을 발표했다. 이 일을 계기로 10년 전쟁이라고 부르는 1차 독립 전쟁이 시작됐다. 세스페데스는 군사 1500명을 모아서 바야모를 해방했고, 쿠바 독립 정부를 선포했다. 그 뒤 독립 정부의 대통령으로 선출됐지만, 보수적인 의회가 견제하는 와중에 실각해 산속에서 스페인군에게 사살됐다. 외아들 오스카를 생포한 스페인군이 아들을 살려줄 테니 독립운동을 그만두라고 요구하지만, "오스카가 내 유일한 자식이 아니다. 나는 쿠바 혁명을 위해 목숨을 바친 모든 이들의 아버지다"며 거부해 결국 아들이 죽는다. 이 일화 때문에 세스페데스는 쿠바의 '국부'로 불린다.

## 카밀로 시엔푸에고스(Camilo Cienfuegos, 1932~1959)

피델 카스트로 등 중산층 출신으로 고등 교육을 받은 쿠바 혁명의 다른 지도자들하고 다르게 가난한 양복쟁이의 아들로 태어나 중학교를 중퇴했다. 미국에 가서 밑바닥 노동자 생활을 하다가 돌아와 급진적 운동에 참여하기 시작했다. 경찰 검거망을 피해 다시 해외로

나갔다가 멕시코에서 피델 카스트로를 만났다. 카스트로와 게바라하고 함께 훈련을 받고 쿠바로 돌아와 시에라마에스트라 산맥에서 게릴라전을 벌였다. 1958년 말 게바라하고 함께한 산타클라라 점령 작전에서 승리를 거둬 혁명 승리에 결정적으로 기여했다. 군사령관에 임명됐지만, 1959년 10월에 비행기 사고로 실종됐다. 외국에는 잘 알려져 있지 않지만, 아바나 혁명광장에 설치된 게바라 대형 얼굴 옆 정보통신부 건물에 2009년 새롭게 시엔푸에고스의 얼굴을 설치할 정도로 쿠바에서는 중요한 인물이다.

### 체 게바라(Che Guevara, 1928~1967)

카스트로보다 2년 뒤에 아르헨티나의 중산층 가정에서 태어나 진보적 사상을 가진 아버지의 영향을 받았다. 일찍부터 많은 문학가부터 카를 마르크스, 부처, 니체, 지그문트 프로이트까지 다양한 책을 읽고 문학에 눈을 떴다. 평생 심한 천식에 시달렸지만 수영, 축구, 골프, 사이클, 럭비 등에 뛰어난 만능 스포츠맨이었다. 의대에 다니던 시절 오토바이를 타고 남미를 여행하며 목격한 민중의 비참한 삶에 분노해 혁명가가 되기로 결심한다. 1953년에 대학을 졸업하고 다시 한 번 남미를 여행하며 혁명 운동을 모색하다가 과테말라에 진보적 정권이 들어서서 농지 개혁 등을 실행한다는 소식을 듣고 그곳으로 향한다. 농지 개혁 때문에 땅을 잃게 된 미국 기업 유나이티드 프루트가 농간을 부려 군부 쿠데타가 일어나자 아르헨티나 대사관으로 피신해 안전한 여권을 발급받아 멕시코로 향한다. 이 쿠데타는 남미에서는 평화적 개혁은 불가능하다고 확신하게 했고, 게바라는 멕시코에서 카스트로 형제를 만나 쿠바 혁명에 합류한다. 카스트로하고 함께 쿠바로 침투해 시에라마에스트라 산맥에서 게릴라전을 벌였고, 산타클라라 전투에서 승리해 혁명을 승리로 이끌었다. 혁명에 성공한 뒤 쿠바 국립은행 은행장과 농림부 장관 등 요직을 거쳤으며, 1961년 미국이 쿠바를 침공한 뒤 소련을 방문해 쿠바에 미사일을 설치하라고 설득하는 데 성공했다. '쿠바 미사일 위기 때문에 소련이 미사일 설치를 포기하자 "소련은 이제 사회주의 종주국이 아니다"고 선언했다. 제3세계의 해방은 결국 제3세계 스스로 달성할 수밖에 없다고 생각한 뒤 다시 게릴라 전사가 되기로 결심했다. 1965년에 아프리카로 달려가 콩고에서 투쟁했고, 남미로 돌아와 볼리비아에서 게릴라전을 벌였다. 2년 뒤인 1967년 10월 시아이에이와 볼리비아군의 합동 작전에 휘말려 죽음을 맞이한다.

## 피델 카스트로(Fidel Castro, 1926~2016)

산티아고데쿠바 부근의 중산층 사탕수수 농장주의 아들로 태어나 산티아고데쿠바에서 중고등학교를 다녔다. 아바나 대학교 법대에 다닐 때부터 정치 운동에 적극 나섰다. 1952년 바티스타가 쿠데타를 일으켜 집권해 헌법을 정지하고 독재를 하자, 1953년에 동생 라울을 비롯한 동지 100여 명을 모아 산티아고데쿠바의 몬카다 병영을 공격했다. 공격이 실패해 체포된 뒤 15년 형을 선고받는데, 이때 한 최후 진술인 〈역사가 나를 무죄로 하리라〉는 명문으로 널리 알려졌다. 정치범을 수용하는 외딴 섬에서 형을 살던 중 1955년 국민적인 석방 운동 덕에 석방되지만 생명의 위협을 느껴 멕시코로 망명한다. 멕시코시티에서 게바라와 시엔푸에고스를 만나 함께 게릴라 훈련을 받은 뒤, 1956년 20명 정원인 요트 그란마 호에 80명이 타고 쿠바로 돌아온다. 상륙 직후 대부분이 사살되지만, 살아남은 카스트로와 라울, 게바라 등 10여 명은 가까운 시에라마에스트라 산맥으로 들어가 게릴라전을 시작했다. 쿠바공산당은 몬카다 공격부터 게릴라전에 이르기까지 카스트로를 극좌 폭동주의라고 비판했다. 이런 비판 속에서도 '라디오 반군' 등을 통한 선전 작업에 힘입어 반군은 전국적으로 지지 기반을 확대했고, 바티스타군의 강력한 진압 작전을 모두 물리쳤다. 1958년에는 공세에 나서 그해 말 산타클라라에서 결정적인 승리를 거뒀고, 1959년 1월 1일 바티스타는 해외로 도주했다. 혁명에 성공한 뒤 농지 개혁과 외국 기업 국유화 등

급진적 정책을 주도했다. 미국의 피그 만 침공을 물리치면서 지위가 더욱 공고해졌다. 그 뒤 사기업 국유화 등 사회주의 정책을 강화하고 소련하고 더욱 강한 유대 관계를 맺었다. 1976년에는 국가평의회 최고인민의장에 취임하면서 막강한 권력을 행사하게 됐다. 소련 의 원조 등을 바탕으로 교육과 의료에서 세계적인 성과를 거두는 등 쿠바를 사회주의 모 범 국가로 만들었다. 소련과 동구가 몰락한 뒤에는 생존의 위기에 몰리자 관광 개방과 사 기업 허용 등을 통해 위기를 넘겨야 했다. 2006년에 건강이 나빠지자 업무에서 손을 떼기 시작했고, 2008년에는 국가평의회 의장 자리를 동생 라울에게 넘겼다. 20세기에 가장 장 기 집권(49년)한 지도자였지만, 2016년에 90세의 나이로 세상을 떠났다. 유언을 남겨 아 바나가 아니라 산티아고데쿠바에 묻혔다. 생전에도 자기를 개인숭배하지 못하게 했지만, 유언으로 동상이나 기념품, 자기 이름을 딴 거리나 연구소 등을 만들지 말라고 당부했다.

### 호세 마르티(Jose Marti, 1853~1895)

쿠바를 대표하는 독립운동가이자 시, 소설, 동화, 정치 평론, 논설 등 다양한 글을 쓴 19 세기 스페인어권 최고의 문필가. 1853년 아바나의 가난한 집에서 태어났지만 뛰어난 재 능을 주목한 선생님이 도와준 덕에 계속 공부할 수 있었다. 일찍이 쿠바 독립과 노예 해 방 등 진보적 정치의식을 가져서 1868년 1차 독립 전쟁이 일어나자 15살 나이에 독립운 동을 하다 투옥된다. 발을 묶은 족쇄 때문에 몸에 문제가 생기자 식민 당국은 스페인으로 추방해 충성심을 심어주려 했다. 스페인에서 공부하며 여러 언론에 쿠바 독립의 필요성을 알리는 글을 쓰다가 법대를 졸업한 뒤 쿠바로 돌아가려 했지만, 스페인 정부가 허가하지 않자 멕시코와 과테말라에서 집필 작업을 계속했다. 1878년 1차 독립 전쟁이 끝나고 쿠 바로 돌아오지만 변호사 개업을 거부당하자 뉴욕으로 가 여러 남미 언론의 특파원과 남미 국가의 영사로 일하며 쿠바 독립운동을 펼쳤다. 그 뒤 쿠바혁명당을 만들고 미국 곳곳과 중미를 돌아다니며 독립운동을 위한 강의와 모금 운동을 이어갔다. 1895년 2차 독립 전쟁을 할 준비가 끝났다고 판단해 도미니카로 건너갔다. 그해 4월 1일 비서에게 유서하고 함께 여러 매체에 쓴 많은 글을 정리해달라는 부탁을 남기고 쿠바로 향하지만, 한 달 뒤 전사했다. 시신은 산티아고데쿠바에 묻혔다. 남은 사람들은 마르티가 쓴 시로 노래를 만들었다. 바로 쿠바를 대표하는 노래 〈관타나메라〉다.

### 임천택(1903~1985)

일자리를 찾아 멕시코로 떠난 어머니의 품에 안겨 1905년에 유카탄 반도로 갔다. 어머니는 이곳 애니깽 농장에서 고된 노동을 해야 했다. 그중 300명이 그나마 덜 고된 사탕수수 농장을 찾아 1921년 쿠바로 재이주할 때 같이했다. 일부가 마탄사스 지역에 정착해 한국어 학교를 세웠다. 임천택은 이 학교의 교장으로 조국의 언어와 풍습을 가르치는 한편 대한인국민회 서기로 활동하며 민족운동을 벌였다. 독립 자금을 모금해 임시정부에 보내는 등 독립운동에 헌신했다. 1985년에 쿠바에서 세상을 떠났다. 1997년에 건국훈장 애국장을 받았고, 2004년에 유해가 대전국립현충원으로 이장됐다.

### 임은조(에로니모 임 김, 1926~2006)

임천택의 장남으로 쿠바 한인 최초로 종합 대학인 마탄사스 대학교 법학부에 입학해 다니던 중 부패한 쿠바 사회의 모순을 직시하고 혁명의 대열에 가담한다. 그 일로 구속되고 석방된 뒤 아바나 대학교 법대로 옮겨 동갑내기인 피델 카스트로를 만난다. 가정 형편 때문에 1949년 학업을 접고 카스트로가 있던 오르토독소(Ortodoxo) 당에 가입한다. 그 뒤 10년 동안 직업 혁명가로 반정부 투쟁에 몸을 던졌다. 특히 카스트로가 산악 지역에서 활동하던 시절 점조직으로 운영된 도시 게릴라로 활동하며 여러 차례 죽을 고비를 넘긴다. 1959년 쿠바 혁명이 성공한 뒤 아바나 경찰청에서 복무하다 1963년부터 3년간 산업부에서 체 게바라하고 함께 근무하기도 한다. 30년의 공직 생활을 마치고 1988년 퇴직했고, 아바나 인민위원장(차관급)으로 선출돼 쿠바 한인 중 최고위직에 올랐다. 쿠바 혁명에서 세운 공로를 인정받아 쿠바 최고훈장 등 훈장 10여 개를 받았다. 1967년 북한 정부 초청으로 북한을 방문했고, 1995년에는 쿠바 한인 대표 자격으로 서울에서 열린 광복 50돌 한민족축전에 참가했다. 은퇴한 뒤 연금만으로 생활이 어려워 택시를 운전했는데, 택시 운전을 하며 쿠바 전역에 흩어진 한인들의 명단을 만들고 쿠바한인회를 조직해 의장을 맡기도 했다.

강태오. 2000. 《체 게바라의 나라 쿠바를 가다》. 마루.

다로, 요시다. 2011. 위정훈 옮김, 《의료천국, 쿠바를 가다》. 파피에.

_____. 2012. 위정훈 옮김, 《교육천국, 쿠바를 가다》. 파피에.

마치, 알레이다. 2008. 박채연 옮김, 《체, 회상》. 랜덤하우스코리아.

박세열·손문상. 2010. 《뜨거운 여행 ― 체 게바라로 난 길》. 텍스트.

박정훈. 2017. 《역설과 반전의 대륙》. 개마고원.

손호철. 2007. 《마추픽추 정상에서 라틴아메리카를 보다》. 이매진.

_____. 2008. 《레드로드 ― 대장정 13800킬로미터 중국을 보다》. 이매진.

_____. 2018. 《즐거운 좌파 ― 호모 루덴스의 시대를 찾아가는 네 가지 길》. 이매진.

오거스트, 아널드. 2015. 정진상 옮김, 《쿠바식 민주주의 ― 대의민주주의 vs 참여민주주의》. 삼천리.

이산하 엮음. 2007. 《체 게바라 시집》. 노마드북스.

이성형. 2001. 《배를 타고 아바나를 떠날 때》. 창비.

촘스키, 아비바. 2014. 정진상 옮김, 《쿠바혁명사》. 삼천리.

타로, 요시다. 2004. 안철환 옮김, 《생태도시 아바나의 탄생》. 들녘.

테일러, 헨리 루이스. 2010. 정진상 옮김, 《쿠바식으로 산다》. 삼천리.


Castro, Fidel. 2005. *My Early Years*. North Melbourne: Ocean Press.

_____. 2006. *Che: A Memoir*. North Melbourne: Ocean Press.

_____. 2017. *Fidel Castro Reader*. North Melbourne: Ocean Press.

Cirules, Enrique. 2016. *The Mafia in Havana*. North Melbourne: Ocean Press.

Guevara, Ernesto Che. 2009. *Che: The Diary of Ernesto Che Guevara*. North

Melbourne: Ocean Press.

Leonov, Nikolai. 2015. *Raul Castro: A Man in Revolution*. Havana: Capitan San Luis Publishing House.

Luis, Julio Garcia. 2008. *Cuban Revolution Reader*. North Melbourne: Ocean Press.

Mills, C. W. 1961. *Listen to Yankee: The Revolution in Cuba*. Ballantine Books.

Navarro, Jose Canton. 2014. *History of Cuba*. Havana: Instituto Cubano Del Libro.

Ross, Ciro Bianchi. 2017. *Cuba: A Different History*. Havana: Editorial Capitan San Luis.

Santamaria, Abel E. G. 2015. *U.S. Latin America Policy*. Havana: Editorial Capitan San Luis.

Taibo II, Paco Iganacio. 1997. *Guevara also Known as Che*. New York: St. Martin's Griffin.